高等职业教育土建类创新型专业课教材

# 工程测量实训报告及指导书
## （第二版）

主 编 王桔林
主 审 匡华云

燕山大学出版社
·秦皇岛·

## 内容简介

《工程测量实训报告及指导书》主要以铁道工程技术专业为主,涉及交通土建各专业主要工程测量实训项目,每个实训项目前面为实训指导书,主要说明实训目的要求及注意事项等,接下来为该实训的实训报告。实训包括水准测量、角度测量、距离测量及导线测量等控制测量方面的主要实训项目;地形测量、数字化测图及线路中线测设和建筑物施工放样等内容。水准仪、全站仪、GPS 及智能型全站仪等主要测量仪器的认识使用均包含其中。首次将高速铁路测量 CPⅢ、二等水准测量及精密水准测量列入实训项目,对无砟轨道板精测量精调和无砟轨道精测精调技术进行了详细介绍,因场地和仪器设备原因,暂只作为演示实训项目,供有条件的学校参考。

图书在版编目(CIP)数据

工程测量实训报告及指导书 / 王桔林主编. -- 2 版.

秦皇岛：燕山大学出版社, 2024. 7. — ISBN 978-7-5761-0705-0

Ⅰ. TB22

中国国家版本馆 CIP 数据核字第 2024HF2790 号

## 工程测量实训报告及指导书(第二版)

GONGCHENG CELIANG SHIXUN BAOGAO JI ZHIDAOSHU(DIERBAN)

王桔林　主编

| | |
|---|---|
| 出 版 人:陈　玉 | |
| 责任编辑:朱红波 | 策划编辑:朱红波 |
| 责任印制:吴　波 | 封面设计:沐图品牌策划设计 |
| 出版发行: 燕山大学出版社 | 电　　话:0335-8387555 |
| 地　　址:河北省秦皇岛市河北大街西段 438 号 | 邮政编码:066004 |
| 印　　刷:涿州汇美亿浓印刷有限公司 | 经　　销:全国新华书店 |
| 开　　本:787mm×1092mm　1/16 | 印　　张:12.75 |
| 版　　次:2024 年 7 月第 1 版 | 印　　次:2024 年 7 月第 1 次印刷 |
| 书　　号:ISBN 978-7-5761-0705-0 | 字　　数:278 千字 |
| 定　　价:38.80 元 | |

**版权所有　侵权必究**

如发生印刷、装订质量问题,读者可与出版社联系调换

联系电话:0335-8387718

# FOREWORD 前言

工程测量是一门实践性很强的专业基础课程,是工程技术人员必须掌握的一项专业技术。交通土建专业学生通过工程测量课程学习,必须掌握观测、记录、计算等测量理论知识及操作技能。为了帮助同学们学习好工程测量这门课程,我们编写了《工程测量实训报告及指导书》,作为工程测量教学参考书,也可作为测量爱好者的参考资料。通过多年的实践应用,许多教师及同学提出了很好的改进建议。同时,测量仪器的不断更新换代,测量新技术新方法日新月异,原教学参考书中的部分内容已不能适应教学及生产发展要求。因此,我们重新修订后,形成了《工程测量实训报告及指导书》(第二版)。

本书将交通土建类各专业所开设的主要工程测量实习项目编入其中,教学中可有选择性地采用。本次修订,主要删除了如微倾式 DS3 水准仪、光学经纬仪、钢尺量距、白版测图、偏角法测设曲线、精密光学水准仪等已过时的相关实训内容,对应增加了全站仪和 GPS 等相关实训内容。同时,对部分实训项目内容进行了修改和完善。

《工程测量实训报告及指导书》是许多教师工程测量教学经验的总结,也结合现场工程测量技术人员的实践经验,同时参考了其他测量教学参考资料。全书由王桔林担任主编,匡华云担任主审,参加编写的有湖南高速铁路职业技术学院王桔林、匡华云、黄小兵、张进锋、刘振、马长清、陈鼎、郑智华、雷伟、谭向荣、齐昌洋、付彬、雷君、彭春燕、欧阳梓铭老师,广州铁路局集团有限公司邓少云、柳一平同志。

由于测量仪器的不断智能化,现代测量技术及方法的不断发展,测量科学领域正面临前所未有的变革和创新。由于编者水平所限,书中可能存在不足之处。敬请使用该书的同行们、同学们提出宝贵意见,以便今后进一步完善。

编者

2024 年 6 月

# CONTENTS 目录

| | |
|---|---|
| 测量实训总要求 | 1 |
| 测量实训仪器操作使用的相关规定 | 3 |
| 实训 1　自动安平水准仪的认识 | 6 |
| 实训 2　线路水准测量 | 8 |
| 实训 3　三(四)等水准测量 | 10 |
| 实训 4　全站仪的认识 | 11 |
| 实训 5　全测回法测水平角 | 14 |
| 实训 6　方向观测法观测水平角 | 16 |
| 实训 7　全站仪导线测量 | 18 |
| 实训 8　线路中线测设 | 20 |
| 实训 9　圆曲线主点及详细测设 | 21 |
| 实训 10　带缓和曲线的曲线(综合曲线)测设 | 25 |
| 实训 11　中平测量 | 30 |
| 实训 12　花杆皮尺(全站仪)法横断面测量 | 32 |
| 实训 13　路基边桩的放样 | 34 |
| 实训 14　桥梁墩台放样 | 36 |
| 实训 15　全站仪数字化测图 | 38 |
| 实训 16　建筑物放样 | 40 |
| 实训 17　管道中线测量 | 43 |
| 实训 18　隧道开挖轮廓线放样 | 45 |
| 实训 19　GPS 接收机的认识及静态数据采集 | 47 |
| 实训 20　GPS 静态相对定位数据处理 | 48 |
| 实训 21　GPS-RTK 观测 | 50 |
| 实训 22　既有线里程测量 | 52 |
| 实训 23　既有线高程测量 | 54 |
| 实训 24　既有线中线测量 | 55 |
| 实训 25　GPS-RTK 铁路既有线中线测量 | 57 |
| 实训 26　精密电子水准仪的认识及使用 | 58 |
| 实训 27　二等水准测量 | 64 |
| 实训 28　精密水准测量 | 67 |
| 实训 29　智能全站仪的认识及使用 | 70 |
| 实训 30　CPⅢ测量 | 75 |

| 实训 31 | GRTSⅠ/GRTSⅡ无砟轨道板精调 | 77 |
| 实训 32 | 轨道精调 | 79 |
| 实训报告 1 | 自动安平水准仪的认识 | 83 |
| 实训报告 2 | 线路水准测量 | 84 |
| 实训报告 3 | 三(四)等水准测量 | 89 |
| 实训报告 4 | 全站仪的认识 | 98 |
| 实训报告 5 | 全测回法测水平角 | 99 |
| 实训报告 6 | 方向观测法观测水平角 | 103 |
| 实训报告 7 | 全站仪导线测量 | 105 |
| 实训报告 8 | 线路中线测设 | 109 |
| 实训报告 9 | 圆曲线主点及详细测设 | 110 |
| 实训报告 10 | 带缓和曲线的曲线(综合曲线)测设 | 114 |
| 实训报告 11 | 中平测量 | 121 |
| 实训报告 12 | 花杆皮尺(全站仪)法横断面测量 | 125 |
| 实训报告 13 | 路基边桩的放样 | 128 |
| 实训报告 14 | 桥梁墩台放样 | 129 |
| 实训报告 15 | 全站仪数字化测图 | 130 |
| 实训报告 16 | 建筑物放样 | 132 |
| 实训报告 17 | 管道中线测量 | 136 |
| 实训报告 18 | 隧道开挖轮廓线放样 | 137 |
| 实训报告 19 | GPS 接收机的认识及静态数据采集 | 140 |
| 实训报告 20 | GPS 静态相对定位数据处理 | 141 |
| 实训报告 21 | GPS-RTK 观测 | 142 |
| 实训报告 22 | 既有线里程测量 | 143 |
| 实训报告 23 | 既有线高程测量 | 144 |
| 实训报告 24 | 既有线中线测量 | 146 |
| 实训报告 25 | GPS-RTK 铁路既有线中线测量 | 148 |
| 实训报告 26 | 精密电子水准仪的认识及使用 | 149 |
| 实训报告 27 | 二等水准测量 | 150 |
| 实训报告 28 | 精密水准测量 | 155 |
| 实训报告 29 | 智能全站仪的认识及使用 | 158 |
| 实训报告 30 | CPⅢ测量 | 159 |
| 实训报告 31 | GRTSⅠ/GRTSⅡ无砟轨道板精调 | 161 |
| 实训报告 32 | 轨道精调 | 162 |

湖南省职业院校技能竞赛高职组资源环境与安全大类地理空间信息采集与处理赛项竞赛规程 163

2024 第八届一带一路暨金砖国家技能发展与技术创新大赛第二届高速铁路精密测量技术赛项(工程放样试题) 178

# 测量实训总要求

## 一、测量实训的基本要求

1. 实训前必须认真阅读《工程测量实训报告及指导书》，实训时应带上《工程测量实训报告及指导书》，实训过程中参照指导书的操作提示，掌握实训的操作要领。

2. 严格遵守实训纪律及测量仪器操作的相关规定，实训者不允许穿拖鞋或高跟鞋，不迟到，不早退，不得随意降低实训要求。

3. 服从实训教师安排，集中精力，掌握正确的操作方法，按相关操作规程操作和使用测量仪器，认真地完成规定的各项实训任务。

4. 测量实训的记录、计算及成果处理应按相关规定要求进行。

5. 测量仪器是贵重精密仪器，每个同学都应爱护国家财产，遵守操作规程，不得擅自拆卸仪器，如发现仪器不能正常使用等故障情况，应先暂停对该仪器的操作，马上向实训指导教师或仪器室提出，按测量仪器损坏及故障处理相关规定处理。

6. 实训过程中，要求做到：人不离仪，伞不离仪（下雨或太阳直照的大晴天）。轮换操作时，轮换双方必须确定测量仪器处于正常状态才能交接，仪器箱及测量工具等不准坐人。

7. 实训组长负责每次实训仪器的领用及归还，按测量仪器室有关测量仪器借用制度，办理必要的借用及归还手续。具体详见《测量实训仪器操作使用的相关规定》。

8. 实训完成后，每位实训同学应按规定要求完成实训报告，及时提交指导教师批改。

## 二、测量资料的记录要求

测量原始数据是重要的测量成果资料记录。为保证测量数据的真实可靠，实训时即应养成良好的职业道德，按照测量规范要求，遵章守法。主要记录的要求如下：

1. 记录观测数据之前，应将记录表头的仪器型号、日期、天气、测站、观测者及记录者姓名等无一遗漏地填写齐全。

2. 原始记录必须现场直接填写在规定的实训报告表格中，不得用零散纸张先记录，再行转抄。听到观测者报出的观测数据后，记录者应复诵一遍，避免听错或记错。

3. 所有记录均用2H（或H）绘图铅笔记录。字体应端正清晰，只应稍大于格子的一半，写在格子的下半部分，以便留出空隙进行更正。不准在实训报告上打草稿，应保持记录资料的清洁和完整。

4. 记录者记录完一个测站的数据后，应按规定当场完成必要的计算和检核，确认无误后,观测者才能搬站。

5.测量原始记录的数字应齐全,如水准中的0.234或3.100,角度中的3°04′06″或3°20′00″,数字"0"不得随意省略,应符合测量记录的规定要求。原始记录禁止擦拭、涂改和挖补,发现错误应在错误处用一斜线划去。淘汰某部分时可用斜线划去,不得使原数字模糊不清。修改局部错误时,则将局部数字划去,将正确数字写在原数上方。

6.禁止连环更改,即已修改了平均数,则不准同时修改计算得此平均数的两个原始测量数据;如两个原始测量数据均读错或记错,则应再重测或重记。

7.原始观测之尾部读数不准更改,如角度读数度、分、秒,而秒读数不准涂改,应将该部分观测结果废去重测。

### 三、测量成果的整理、计算及计算作业要求

1.测量成果的整理与计算,原则上应在原记录表格上按相关规范要求进行。

2.内业计算可用钢笔书写,如计算数字有错误,可刮去重写,或将错字划去另写。

3.上交测量原始成果,应是原始记录表格,及所附相关计算数据。原则上不允许将测量原始资料重新转抄后,代替原始成果资料上交。

4.成果的记录、计算的小数取位要按规定要求执行。

5.测量计算中的有效数字凑整规则——一般情况下,按"四舍六入","五前单进双不进"原则。即测量数值要求精确到某一位,则看这个数位的下一位上的数字的大小,若该数字大于5,则向前进1;若小于5,则舍去;若刚好等于5,则看它的前一位数字,如果是奇数,则向前进1,否则舍去。例如3.5125和3.5135,要求保留三位小数,则分别对应为3.512和3.514。

# 测量实训仪器操作使用的相关规定

## 一、测量仪器的领用

### （一）领仪器时必须检查

1. 仪器箱是否关妥、锁好；背带、提手是否牢固。
2. 脚架与仪器是否相配，脚架各部分是否完好，要防止因脚架不稳定而影响实训或生产作业。

### （二）仪器的开箱和装箱

1. 仪器箱应平放在地面上或其他台子上才能开箱，严禁托在手上或抱在怀里开箱，以免将仪器摔坏。
2. 取出仪器前应先牢固地安放好脚架，仪器自箱内取出后不宜用手久抱，应立即固定在脚架上。
3. 开箱后在取出仪器前，应注意仪器安放在仪器箱中的位置和方向，以免用毕装箱时，因安放不正确而损伤仪器。
4. 检查仪器在箱内是否安放正常，仪器安放位置没有异常松动现象等；要检查箱内的小工具或附件是否都已固定，防止在运输过程中因没有固定好的工具或附件在箱内活动砸坏仪器。

## 二、仪器的正确使用

### （一）自箱内取出仪器时应注意

1. 不论何种仪器，在取出前一定先松开制动螺旋，以免取出仪器时因强行扭转而损坏微动装置，甚至损坏轴系。
2. 自箱内取出仪器时，应一手握住照准部支架，另一手扶住基座部分，轻拿轻放，不要一只手抓仪器。
3. 取仪器和使用仪器过程中，要注意避免触摸仪器的目镜、物镜、反光镜、棱镜，以免沾污光学镜头等部件，影响成像质量。绝对不允许用手指或手帕去擦仪器的目镜、物镜等光学部分。

### （二）架设仪器时应注意

1. 脚架三条架腿抽出后，要将各架腿固定螺旋拧紧，防止因螺旋未拧紧使脚架自行收缩而摔坏仪器，亦不可用力过猛而造成螺旋滑丝。仪器架设的高度要适中。
2. 架设脚架时，三条腿分开的跨度要适中，并得太拢容易被碰倒，分得太开容易滑开，均容易造成仪器摔坏事故。若在斜坡地上架设仪器,应使两个架腿在下坡方向(可稍放长),一条腿在上坡方向(可稍放短),这样架设比较稳当。如在光滑地面上架设仪器,要用仪器配备的专用防滑三角形木框,或采用其他防护措施,防止脚架滑动,摔坏仪器。

3. 在脚架安放稳妥并将仪器连接到脚架头上后,要立即旋紧仪器和脚架间的中心螺旋,预防因忘记拧上连接螺旋或拧得不牢靠而摔坏仪器。

4. 自箱内取出仪器后,要随即将仪器箱盖好,以免沙土杂草进入箱内。还要防止搬动仪器时丢失附件。

5. 仪器箱是保护仪器安全的主要设备,多为薄木板、薄铁皮或塑料制成,不能承重。因此,不允许蹬、坐仪器箱,以免使仪器箱受到损伤。

## (三)仪器在使用中的注意事项

1. 烈日下或下雨时,必须张伞,做到伞不离仪,防止烈日暴晒和雨淋仪器及相关工具(包括仪器箱)。

2. 在任何时候,仪器旁必须有人保护,做到人不离仪。

3. 如遇目镜、物镜外表面蒙上水汽而影响观测(在冬季较常见),应稍等一会儿或用擦镜纸、专用绒布擦拭,切勿用其他物品擦拭。

4. 制动螺旋不宜拧得过紧;微动螺旋和脚螺旋宜使用中段,松紧要调节适当,如感到转动螺旋时有跳动或听到沙沙声,就应及时清洗上油;拨动校正螺旋时应注意保护旋口或校正孔,用力要轻、慢,受阻时要查明原因,不得强行旋转。

5. 操作仪器时,用力要均匀,动作要准确,轻捷。用力过大或动作太猛都会造成仪器的损伤。

6. 仪器用毕,装箱前,可用软毛刷轻拂仪器表面的尘土。有物镜盖的要将其盖上,仪器箱内如有尘土、草叶应用毛刷刷干净。

7. 清点箱内附件,如有缺少,应立即寻找,然后将仪器箱关上,扣紧锁好。

8. 工作期间尽量使存放仪器的室温与工作地点的气温相近。当必须把仪器搬到温度差别较大的环境中去时,应先把它关闭在箱中3小时左右,到达测站后宜先取出仪器适温半小时以上才能开始正式观测。

## (四)其他仪器、器材的使用和维护

1. 全站仪是一种光、机、电相结合的电子仪器,对防震要求较高,在运输过程中必须有防震措施,最好用原来的包装。仪器及其附件要经常保持清洁、干燥。棱镜、透镜不得用手接触或用手巾等物擦拭(必要时可用镜头纸擦拭)。受潮的仪器要设法吹干,在干燥前不得装箱,在使用过程中,不允许将仪器全部安装在三脚架上搬迁。电池、电缆线插头要对准插进,用力不能过猛,以免损坏。在强烈的阳光下,要用伞遮住仪器,绝不可把镜头直接对向太阳,以免毁坏仪器。

（7）读数：直接读取 m、dm、cm，估读至 mm。

6. 依次立尺于若干点上，读取相应的尺读数并记入手簿相应栏内，直接计算相邻两点间的高差，依据给定点的高程间接推算各立尺点的高程。

## 六、实训注意事项

1. 安置仪器时，注意脚架高度应与观测者身高相适应，架头应大致水平，脚架安置稳妥后方可借助中心螺旋固定水准仪。

2. 整平仪器时，注意脚螺旋转动方向与圆水准气泡移动方向之间的规律，以提高速度。

3. 照准目标时，注意望远镜的正确使用，应特别注意检查并消除视差。

4. 记录、计算应正确、清晰、工整。

## 实训 2　　　线路水准测量

### 一、目的要求

1. 掌握水准测量的方法,各种水准路线的施测、记录、计算和外业计算检核。
2. 掌握各种水准路线测量的成果检核和数据处理。

### 二、仪器工具

自动安平水准仪 1 台,水准尺 2 根,记录板 1 块,记录计算工具。

### 三、人员分工

每小组 3~4 人,司仪 1 人,立尺 1~2 人,记录兼打伞 1 人,集体讨论,轮流操作。

### 四、实训任务

完成一段附合(闭合)水准路线测量的观测及相应的记录、计算和检核工作。

### 五、实训方法及要领

1. 指导教师给定已知点和未知点。
2. 从给定的已知点出发,在已知点和 TP1 间安置水准仪。立尺于已知点上,读取其后视读数,记入手簿相应栏内。立尺于 TP1 上,读取其前视读数,记入手簿相应栏内。至此,第一站观测完毕,计算第一站高差并记入手簿相应栏内。
3. TP1 上水准尺不动,水准仪迁站,安置于 TP1 和 TP2 之间,依同法读取 TP1 的后视读数和 TP2 的前视读数,记入手簿相应栏内,并计算第二站的高差。
4. 依同法直至最后一站,读取并完成相应的记录和计算。
5. 计算后视读数总和 $\Sigma a$、前视读数总和 $\Sigma b$ 和高差总和 $\Sigma h$,并进行计算检核,即 $\Sigma a - \Sigma b = \Sigma h$ 应成立。
6. 根据水准路线计算高差闭合差 $f_h$,高差闭合差容许值 $f_{h限}$。比较二者,若 $f_h > f_{h限}$,表明未达到精度,应予重测。
7. 若 $f_h \leqslant f_{h限}$,表明达到精度,则可调整高差并根据已知点的高程和调整后的高差推算未知点的高程。

## 六、实训注意事项

1. 照准目标应检查并消除视差。
2. 前、后视距离应大致相等(扶尺员可用步测),最大视线长度不得大于 100 m。
3. 最小读数不小于 0.3 m,最大读数不大于 2.7 m。
4. 立尺要直。为减小立尺不直造成的误差,读数时采用摇尺法。
5. 一个测站上,读完后视转向前视后,禁止重新粗平。
6. 一个转点上,读完前视到读取后视的过程中,不得改变水准尺的位置。

# 实训 3　三（四）等水准测量

## 一、目的要求

掌握三（四）等水准测量的施测、记录计算和计算检核。

## 二、仪器工具

自动安平水准仪 1 台，水准尺 2 根，尺垫 2 个，记录计算工具。

## 三、人员分工

每小组 4~5 人，司仪 1 人，记录兼打伞 1 人，立尺 2 人，集体讨论。

## 四、实训任务

完成一段路线的三（四）等水准测量。

## 五、实训方法及要领

1. 指导教师详细介绍三（四）等水准测量的施测程序。
2. 指导教师给定两个已知点。
3. 从给定的已知点出发，按照水准测量进行的方法，测至另一个已知点上。
4. 测站上的观测、记录、计算及其检核的方法，按照指导教师的讲解要求做。
5. 观测工作结束后，应进行成果检核：各测段高差之总和即为高差闭合差 $f_h$。根据指导教师给定的水准点的高程计算高差、高差闭合差容许值 $f_{h限}$。二者比较，即可判断观测测量是否达到精度。

## 六、实训注意事项

1. 视线高于 1.5 m 时采用摇尺法读数。
2. 安置仪器整平时，注意前后视距差值应在规定范围并顾及视距差累积值。
3. 总测站数控制为偶数。
4. 每站计算合格方可迁站。
5. 设置转点的尺垫要在地面上踩实。

## 实训 4　全站仪的认识

### 一、目的要求

1. 了解全站仪的基本结构与性能,各操作部件、螺旋的名称和作用。
2. 熟悉面板的主要功能。
3. 掌握全站仪的基本操作方法。

### 二、仪器工具

全站仪 1 套,棱镜 2 套,记录板 1 块。

### 三、人员分工

司仪 1 人,安置棱镜 2 人,记录 1 人,集体讨论,轮流操作。

### 四、实训任务

1. 认识仪器的主要部件、螺旋的名称和作用。
2. 认识面板的主要操作功能。
3. 练习全站仪进行角度测量、距离测量、坐标测量等基本工作。

### 五、实训方法及要领

1. 认识全站仪的构造、部件名称和作用。

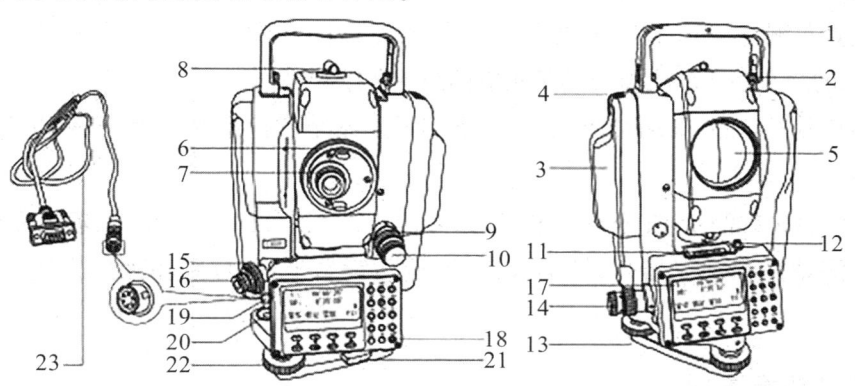

全站仪的基本构造主要包括:光学系统、光电测角系统、光电测距系统、微处理机、显示控制/键盘、数据/信息存储器、输入/输出接口、电子自动补偿系统、电源供电系统、机械控制

系统等部分。

2. 认识全站仪的操作面板(以下为 NTS-352 各模式下操作面板)。

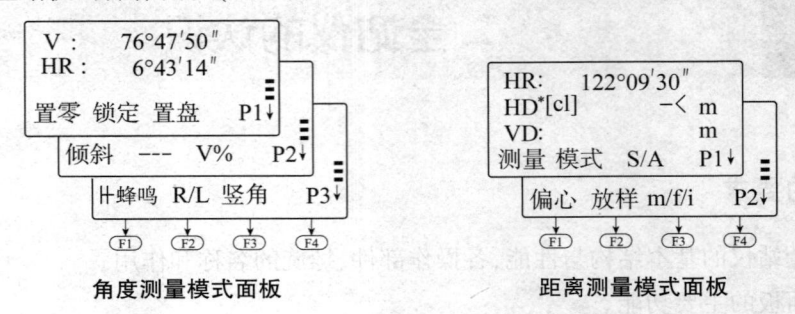

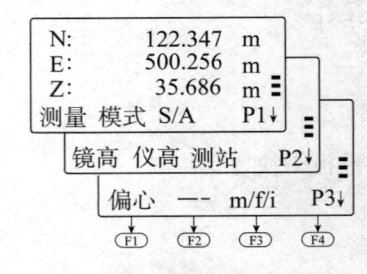

```
V :    76°47′50″
HR :    6°43′14″
置零  锁定  置盘    P1↓
倾斜   ---   V%      P2↓
╫蜂鸣  R/L  竖角    P3↓
 F1    F2   F3   F4
```
角度测量模式面板

```
HR:    122°09′30″
HD*[cl]       -< m
VD:              m
测量  模式  S/A   P1↓
偏心  放样  m/f/i  P2↓
 F1    F2   F3   F4
```
距离测量模式面板

```
N:    122.347  m
E:    500.256  m
Z:     35.686  m
测量  模式  S/A    P1↓
镜高  仪高  测站   P2↓
偏心   --   m/f/i   P3↓
 F1    F2   F3   F4
```
坐标测量模式面板

3. 熟悉全站仪的基本操作功能。全站仪的基本测量功能是测量水平角、竖直角和斜距,借助机内固化软件,组成多种测量功能,如计算并显示平距、高差以及镜站点的三维坐标,进行偏心测量、对边测量、悬高测量和面积测量计算等功能。

4. 练习并掌握全站仪的安置与观测方法。在一个测站上安置全站仪,选择两个目标点安置反光镜,练习水平角、竖直角、距离及三维坐标的测量,观测数据记入实验报告相应表中。

(1)水平角测量:在角度测量模式下,每人用测回法测两镜站间水平角 1 个测回,同组各人所测角值之差应满足相应的限差要求;

(2)竖直角测量:在角度测量模式下,每人观测 1 个目标的竖直角 1 个测回,要求各人所测同一目标的竖直角角值之差应满足相应的限差要求;

(3)距离测量:在距离测量模式下,分别测量测站至两镜站的斜距、平距以及两镜站间距离;

(4)三维坐标的测量:在坐标测量模式下,选一个后视方向,固定仪器,输入后视方位角、测站坐标、测站高程和仪器高,转动仪器,测量两镜站坐标,分别输入反光镜高得各镜站高程。

## 六、实训注意事项

1. 全站仪是目前结构复杂、价格较贵的先进仪器之一,在使用时必须严格遵守操作规程,注意爱护仪器。

2. 在阳光下使用全站仪测量时,一定要撑伞遮阳,严禁用望远镜对准太阳。

3. 仪器、反光镜站必须有人看守。观测时应尽量避免两侧和后面反射物所产生的信号干扰。

4. 开机后先检测信号,停测时随时关机。

5. 更换电池时,应先关断电源开关。

## 实训 5　　全测回法测水平角

### 一、目的要求

掌握全测回法测水平角的观测、记录、计算方法及精度要求。

### 二、仪器工具

全站仪 1 台,棱镜 2 个,记录板 1 块及其他配套工具。

### 三、人员分工

每小组 3~4 人,司仪 1 人,记录兼打伞 1 人,对点 1~2 人,集体讨论,轮流操作。

### 四、实训任务

每人完成一个闭合(附合)导线 4~8 个导线角的测量,并完成实训报告。

### 五、实训方法及要领

#### (一)准备工作

如右图所示:要测量水平角∠AOB,则仪器应置于水平角顶点 O,即测量站点为 O,A、B 为目标点。如置仪后,能直接观测到目标点,则不用对点;否则,应用单棱镜进行对点,找出目标点的铅垂线,以便测量。

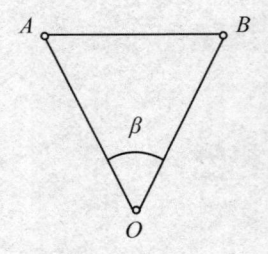

#### (二)盘左(半测回)观测

1. 安置仪器于测站,顺时针转动照准部,瞄准目标 A,消除视差,读水平度盘读数 $a_1$,并记录。
2. 松开制动,顺时针转动照准部,瞄准目标 B,如上法读数并记录,设为 $b_1$。
3. 计算盘左水平角值,则 $\beta_1 = a_1 - b_1$。

#### (三)盘右(半测回)观测

1. 倒镜(即成盘右);瞄 A 得读数 $a_2$ 并记录。
2. 瞄 B 得读数 $b_2$ 并记录。
3. 计算盘右水平角值:$\beta_2 = a_2 - b_2$。

## （四）一测回角值计算

1. 以上盘左、盘右两个半测回,合起来称为一全测回。
2. 精度要求:$\beta_1$ 与 $\beta_2$ 的较差不超过 20″（2 秒级全站仪）则合格,该测回正确的 ∠AOB 角值为:$\beta=(\beta_1+\beta_2)/2$;否则该测回应重测,直到满足精度要求。

## （五）多测回角值计算

1. 精度要求:各测回间（至少 3 测回）角值互差不超过 20″（2 秒级全站仪）,否则,应剔除不合格测回或重测,直至满足规定要求。
2. 满足精度要求后,取各测回的算术平均值作为最后测量成果。

## 六、实训注意事项

1. 仪器对中时,应保证对中精度满足要求。瞄准目标时,应使十字丝中心尽量瞄准目标点,如用棱镜对点,则应瞄准棱镜中心位置。

2. 注意消除十字丝视差,瞄目标要准确;读数要仔细,不要将竖盘读数误为水平度盘读数。

3. 用硬铅笔记录,不准擦改、重抄,测完一测回随之计算出半测四角值较差,不合格时应立即重测该测回。

4. 计算水平角值时,如被减数不够减,则应加上 360°再进行计算。如 $\beta_2=(a_2+360°)-b_2$,或 $\beta_2=a_2-b_2+360°$。

5. 迁站时要遵守操作规程。如短距离搬迁,则一手环抱仪器,一手握住支架;否则应装箱搬迁。

## 实训 6　方向观测法观测水平角

### 一、目的要求

掌握方向观测法进行水平角观测的测量方法及基本技能。

### 二、仪器工具

全站仪 1 台,棱镜 2 个等配套工具。

### 三、人员分工

每小组 3~4 人,司仪 1 人,记录兼打伞 1 人,集体讨论,轮流操作。

### 四、实训任务

安排 1 次课时间(90 分钟),每人测 1~2 个合格测回,全组完成一套 6 个测回合格成果。

### 五、实训方法及要领

1. 在测站上,选定远处的四个方向为观测目标,并确定距离适中、通视良好、成像清晰的某一方向作为零方向。

2. 安置仪器后,将仪器照准零方向目标,可按 $180°/n$ 配置好各测回水平度盘起始读数,根据 6 个测回数配置好各测回水平度盘起始读数。

3. 顺时针方向旋转照准部 1~2 周后,精确照准零方向,进行各测回水平度盘读数配置。

4. 顺时针方向旋转照准部,精确照准 2 方向目标,读取水平度盘读数,继续顺时针方向旋转照准部依次进行 3、4 方向的观测,最后闭合至零方向,再观测零方向(当观测方向数≤3 时,可不必归零方向)。

5. 纵转望远镜,逆时针方向旋转 1~2 周,精确照准零方向,读取水平度盘读数。

6. 逆时针方向旋转照准部,按上半测回观测的相反次序 4、3、2 直至零方向,以上观测程序称为一个测回。

7. 限差要求:(1)四等及以上,2 秒级全站仪:半测回归零差 8″、一测回内 2C 互差 13″、化归同一零方向后,同一方向值测回较差 9″;(2)一级导线,2 秒级全站仪:半测回归零差 12″、一测回内 2C 互差 18″、化归同一零方向后,同一方向值测回较差 12″。

8. 对不合格的成果返工重测。

## 六、实训注意事项

1. 观测程序及记录要严守操作规程。

2. 观测中要注意消除视差。

3. 记录者向观测者回报后再记,记录中的计算部分应训练用心算进行。

4. 水平角观测误差超限时,应在原有度盘位置上重测,并按下列规定进行:

(1) 一测回内 2C 互差或同一方向值各测回较差超限时,应重测超限方向,并联测零方向;

(2) 下半测回归零差或零方向的 2C 互差超限时,应重测该测回;

(3) 若一测回中重测方向数超过总测回数的 1/3 时,应重测该测回。当重测的测回数超过 1/3 时,应重测该站。

## 实训 7　全站仪导线测量

### 一、目的要求

1. 了解导线测量工作内容和方法,进一步提高测量技术水平。
2. 掌握全站仪导线测量原理和方法。
3. 掌握导线内业计算方法及技能。

### 二、仪器工具

全站仪 1 套,棱镜 2 个,记录板 1 块。

### 三、人员分工

司仪 1 人,安置棱镜 2 人,记录 1 人。

### 四、实训任务

利用导线测量方法测量一个多边形(如四边形)外业资料,并根据给定的已知资料计算各导线点坐标。

### 五、实训方法及要领

1. 在实验区域内选取 $A$、$B$、$C$、$D$ 四点,$A$、$B$、$C$、$D$ 相互通视,如下图所示组成四边形,假设 $AB$ 为已知方位边,$A$ 为已知点。

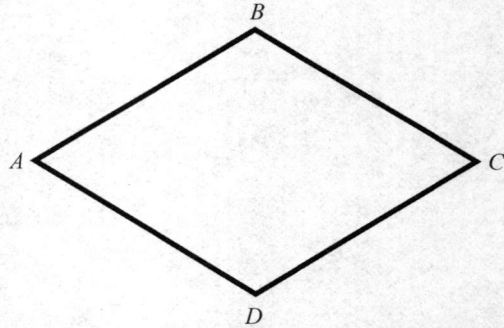

2. 在 $A$ 点架设全站仪,$B$、$D$ 两点分别安置棱镜,进行对中、整平,通过测回法观测出多边形内角 $A$,通过全站仪测距功能观测出 $AB$、$AD$ 的边长。

3. 搬站至 $B$ 点,在 $B$ 点架设全站仪,$A$、$C$ 两点分别安置棱镜,进行对中、整平,通过测回法观测出多边形内角 $B$，通过全站仪测距功能观测出 $BA$、$BC$ 的边长。

4. 搬站至 $C$ 点，在 $C$ 点架设全站仪，$B$、$D$ 两点分别安置棱镜，进行对中、整平，通过测回法观测出多边形内角 $C$，通过全站仪测距功能观测出 $CB$、$CD$ 的边长。

5. 搬站至 $D$ 点，在 $D$ 点架设全站仪，$A$、$C$ 两点分别安置棱镜，进行对中、整平，通过测回法观测出多边形内角 $D$，通过全站仪测距功能观测出 $DA$、$DC$ 的边长。

## 六、实训注意事项

1. 边长较短时，应特别注意严格对中。
2. 瞄准目标一定要精确。
3. 注意导线内业计算数据取位要求。

## 实训 8　线路中线测设

### 一、目的要求

1. 掌握线路中线测设资料的计算。
2. 掌握线路中线测设的方法。

### 二、仪器工具

全站仪 1 台、棱镜 1 台、棱镜杆 1 根、测钎 1 组、锤子 1 个、木桩、钉子若干。

### 三、人员分工

每小组 4~8 人，司仪 1 人，对后点 1 人，放样 1 人，集体讨论，轮换操作。

### 四、实训任务

完成线路中线放线工作即测设出线路的起点(QD)、交点(JD)及终点(ZD)。

### 五、实训方法及要领

（一）实训方法

坐标放样法。

（二）实训要领

1. 指导教师指定线路中线测设任务。
2. 学生根据设计的线路中线计算相关的测设资料。
3. 全站仪坐标放样
(1) 在已知点上安置全站仪；
(2) 输入测站点、后视点的坐标，并瞄准后视点；
(3) 输入 QD 的坐标，按照全站仪坐标放样的方法得到 QD；
(4) 同样方法得到 JD、ZD。

### 六、实训注意事项

1. 全组成员轮换操作，注意协调配合。
2. 主要点位的确定，应采用正倒镜分中法。
3. 测设点位确定后，用坐标测量方法测定其坐标，跟设计坐标值比较，不得超出相关测量规范规定的精度要求。

## 实训 9　圆曲线主点及详细测设

### 一、目的要求

1. 掌握圆曲线要素、主点里程,切线支距法及统一坐标法详细测设圆曲线测设资料的计算方法。

2. 掌握主点的测设方法和用全站仪坐标放样详细设置圆曲线(切线支距法及统一坐标法)的方法。

### 二、仪器工具

全站仪 1 台,测钎 1 组,简易棱镜杆 1 根,锤子 1 把,记录板 1 块,木桩 8~10 个,铁钉若干。

### 三、人员分工

每小组 6~8 人,司仪 1 人,后视 1 人,记录、报数兼打伞 1 人,对点 1 人,打桩 1 人,集体讨论,轮流操作。

### 四、实训任务

根据实训报告 8 指导教师给定的设计中线,拟用圆曲线连接两直线,完成主点测设和采用切线支距法及统一坐标法详细测设圆曲线测设资料的计算,并完成测设工作。

### 五、实训方法及要领

**(一)资料准备**

1. 根据教师指定的曲线半径($R$)及曲线转向角($\alpha$)计算圆曲线测设要素。
2. 根据教师给定的交点里程计算主点里程。
3. 根据切线支距法计算圆曲线详细测设资料

以 ZY 点为坐标原点,以切线前进方向为 $x$ 轴,建立坐标系,那么 ZY、JD 点在新建坐标系中的坐标分别为 $(0,0)$、$(T,0)$,圆曲线在切线上对应的长度为 $x$ 坐标,支出的距离为 $y$ 坐标,在此坐标系中计算出圆曲线的坐标。

坐标几何关系如下图所示。

圆曲线切线支距法坐标计算:

切线角：
$$\alpha_c = 180l/\pi R$$
式中，$l$ 为 ZY 点到计算（待测设）点的圆弧长度。

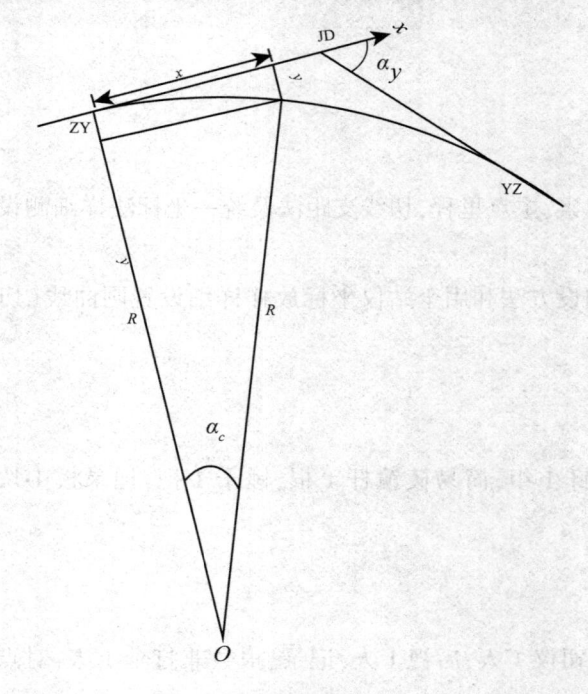

**切线支距法坐标**

切线支距法坐标计算公式：
$$x = R\sin\alpha_c$$
$$y = R - R\cos\alpha_c$$

计算以 10 m 或 20 m 为倍数的整桩号点，将计算结果填入相应表格。

4. 圆曲线统一坐标法计算详细测设资料

将切线支距法计算的坐标、弦长和偏角转换到线路统一坐标系中，利用线路附近的控制点进行放样，称为坐标法。

将计算点与 ZY 点相连，长度用 $L$ 表示，其与切线的夹角用 $\theta$ 表示，如下图所示。
$$\theta = \tan^{-1}(y/x)$$
$$L = \sqrt{x^2 + y^2}$$

式中，$x$、$y$ 为切线支距法计算的坐标，$L$ 为 ZY 点到计算点（待测设点）弦长，$\theta$ 为弦切角。

则统一坐标计算公式为：

右偏曲线：
$$X_{中} = X_{ZY} + L\cos(A_1 + \theta) \qquad Y_{中} = Y_{ZY} + L\sin(A_1 + \theta)$$

左偏曲线：

$$X_{中} = X_{ZY} + L\cos(A_1 - \theta) \qquad Y_{中} = Y_{ZY} + L\sin(A_1 - \theta)$$

式中，$A_1$ 为第一切线前进方向方位角，按整桩号法计算出曲线上各待测点坐标，并填入相应表格。

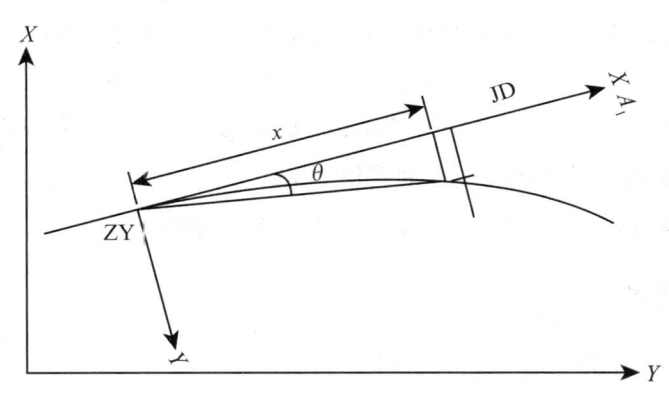

圆曲线统一坐标

ZY 点坐标计算：

如下图所示，$ZD_1$、JD、$ZD_2$ 点的统一坐标已知，则

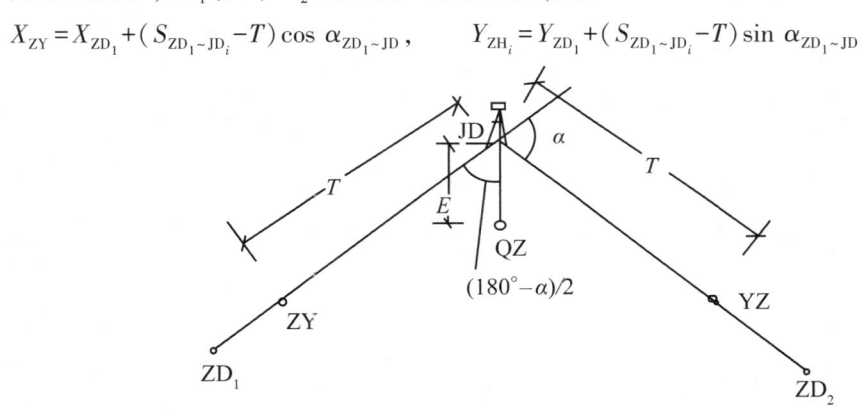

$$X_{ZY} = X_{ZD_1} + (S_{ZD_1 \sim JD_i} - T)\cos\alpha_{ZD_1 \sim JD}, \qquad Y_{ZH} = Y_{ZD_1} + (S_{ZD_1 \sim JD_i} - T)\sin\alpha_{ZD_1 \sim JD}$$

圆曲线主点示意图

## （二）圆曲线主点测设

1. 在规定的 JD 上安置全站仪，瞄准一方向作为切线方向。

2. 沿此视线方向用全站仪测量出切线长 $T$ 值，得出 ZY 点位置，打入木桩，在全站仪指挥的方向上按距离在桩上加钉。

3. 瞄准 ZY 点，转动照准部使水平度盘读数等于瞄分角线方向读数为 $(90° - \alpha/2)$，并在视线方向测距"$E$"，打入木桩并钉小钉准确定出 QZ 点（注意要用正、倒镜分中法定点）。

## （三）全站仪切线支距法详细设置圆曲线

以南方全站仪 NTS-322 为例说明测设方法：

1. 在 JD 点上安置全站仪,输入测站点坐标。

2. 后视 ZY 点或另一个 JD,并输入后视点坐标。

3. 输入放样点 QZ 点(或圆曲线上第 1 点)的坐标,按"角度"功能键,当 dHR＝0 时,即为 QZ 点(或圆曲线上第 1 点)所在的方向,指挥同学拿着棱镜杆左右移到该方向上;按"距离"功能键,并指挥立镜同学在该方向上前后移动棱镜杆,当 dHD＝0 时即为 QZ 点(或圆曲线上第 1 点)。

4. 按"继续"功能键,继续输入下一点坐标,按照上述方法,即可测设出曲线各点。

### (四)全站仪统一坐标法详细设置圆曲线

具体测设方法同(三),只是每个点输入的均为统一坐标。

## 六、实训注意事项

1. 实训之前,必须完成所有资料的计算。

2. 计算资料时,所有各桩点均用里程表示。

3. 为便于下次实训使用,各木桩略高于地面,用竹桩作标志桩。

# 实训 10　带缓和曲线的曲线(综合曲线)测设

## 一、目的要求

掌握综合曲线要素、主点里程及详细测设资料计算方法,培养学生的计算能力;掌握综合曲线主点及详细测设方法。

## 二、仪器工具

全站仪 1 台,棱镜 1 台,小钢尺 1 把,测钎 1 组,简易棱镜杆 1 根,木桩、铁钉若干,锤子 1 把,记录板 1 块。

## 三、人员分工

每小组 6~8 人,司仪 1 人,后视 1 人,记录、报数兼打伞 1 人,对点 1 人,打桩 1 人,集体讨论,轮流操作。

## 四、实训任务

根据实训报告 8 所设计的中线,拟用综合曲线连接两直线,完成主点测设资料及详细测设资料的计算,并完成测设工作。

## 五、实训方法及要领

### (一)综合曲线要素、主点里程及切线支距法详细测设资料计算

1. 综合曲线要素计算

缓和曲线角:$\beta_0 = \dfrac{90 l_0}{\pi R}$

内移距:$p = \dfrac{l_0^2}{24R}$

切垂距:$m = \dfrac{l_0}{2} - \dfrac{l_0^3}{240R^2}$

切线长:$T = (R+p)\tan\dfrac{\alpha}{2} + m$

曲线长：$L = \dfrac{\pi R \alpha}{180°} + l_0$

外矢距：$E_0 = (R+p)\sec\dfrac{\alpha}{2} - R$

切曲差：$q = 2T - L$

2. 主点里程计算

ZH 里程 = JD 里程 − 切线长 $T$，HY 里程 = ZH 里程 + 缓和曲线长 $l_0$，QZ 里程 = HY 里程 + (曲线长 $L/2 - l_0$)，YH 里程 = QZ 里程 + (曲线长 $L/2 - l_0$)，HZ 里程 = YH 里程 + 缓和曲线长 $l_0$。

里程计算检核：JD 里程 + $T - q$ = HZ 里程。

3. 综合曲线切线支距法详细测设资料计算

(1) 缓和曲线部分，按缓和曲线方程式，各测设桩点的坐标计算公式如下：

$$x = l - l^5/40R^2 l_0^2 + l^9/3456 l_0^4 R^4$$

$$y = l^3/6Rl_0 - l^7/336R^3 l_0^3 + l^{11}/42240 l_0^5 R^4$$

式中，$l$ 为计算点里程减 ZH 点里程，即弧长；$l_0$ 为设计缓和曲线长度；$R$ 为设计半径。

(2) 曲线部分

夹在两缓和曲线中间的圆曲线上各点的坐标计算公式如下：

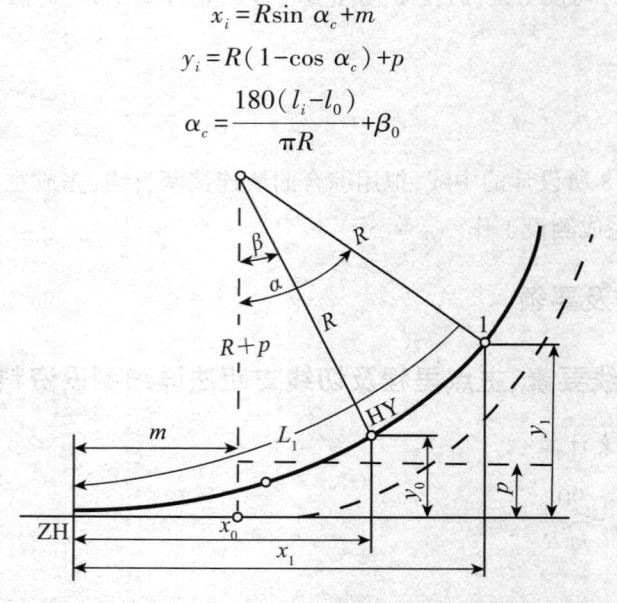

$$x_i = R\sin\alpha_c + m$$

$$y_i = R(1 - \cos\alpha_c) + p$$

$$\alpha_c = \dfrac{180(l_i - l_0)}{\pi R} + \beta_0$$

**带缓和曲线的曲线在切线直角坐标系中的坐标**

式中，$x_i$、$y_i$ 为圆曲线上某点的坐标；$l_i$ 为圆曲线上某点至 ZH (或 HZ) 的弧长；$\alpha_c$ 为圆曲线上某点的半径与从圆心向切线所作垂线间的夹角。

(二) 统一坐标测设资料计算

教师根据已知控制点的坐标，给定 $JD_{i-1}$、$JD_i$、$JD_{i+1}$ 的坐标及 $JD_i$ 的里程，然后学生根据给定的资料,计算出测设资料。

1. 方法一

(1)计算方位角、边长及转向角

如下图所示,根据 $JD_{i-1}$、$JD_i$、$JD_{i+1}$ 的坐标反算出 $JD_{i-1} \sim JD_i$ 和 $JD_i \sim JD_{i+1}$ 边的方位角 $\alpha_{JD_{i-1} \sim JD_i}$、$\alpha_{JD_i \sim JD_{i+1}}$ 和边长 $S_{JD_{i-1} \sim JD_i}$、$S_{JD_i \sim JD_{i+1}}$,并根据所计算出来的方位角推算出线路的转向角,进行检核。

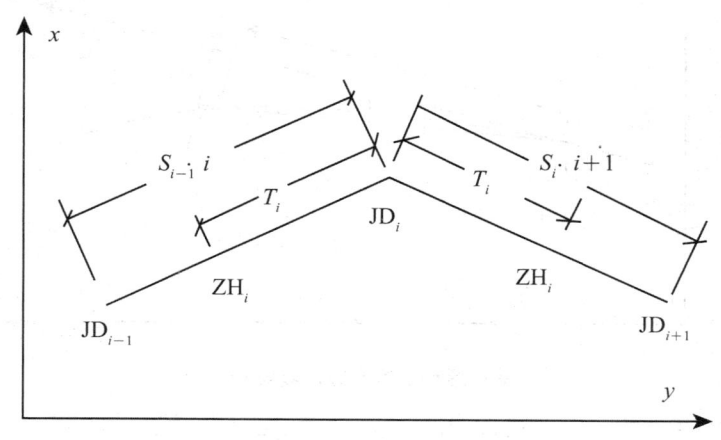

**综合曲线主点示意图**

(2)计算缓和曲线常数、综合曲线要素及主点里程(同上有关主点里程及要素计算)。

(3)计算 $ZH_i$ 和 $HZ_i$ 点的测量坐标

$ZH_i$ 点测量坐标:$X_{ZH_i} = X_{JD_{i-1}} + (S_{JD_{i-1} \sim JD_i} - T_i) \cos \alpha_{JD_{i-1} \sim JD_i}$

$$Y_{ZH_i} = Y_{JD_{i-1}} + (S_{JD_{i-1} \sim JD_i} - T_i) \sin \alpha_{JD_{i-1} \sim JD_i}$$

$HZ_i$ 点测量坐标:

$$X_{HZ_i} = X_{JD_i} + T_i \cos \alpha_{JD_i \sim JD_{i+1}}, \quad Y_{HZ_i} = Y_{JD_i} + T_i \sin \alpha_{JD_i \sim JD_{i+1}}$$

(4)曲线上桩点坐标的计算

首先根据公式,按照切线支距法求出曲线上任一桩点的切线坐标$(x,y)$,然后通过坐标变换将其转换成测量统一坐标系中的坐标$(X,Y)$。

坐标变换公式为:

$$X_i = X_{ZH_i} + x_i \cos \alpha_{JD_{i-1} \sim JD_i} - \theta \times y_i \sin \alpha_{JD_{i-1} \sim JD_i}$$
$$Y_i = Y_{ZH_i} + x_i \sin \alpha_{JD_{i-1} \sim JD_i} + \theta \times y_i \cos \alpha_{JD_{i-1} \sim JD_i} \quad (1)$$

或

$$X_i = X_{HZ_i} - x_i \cos \alpha_{JD_i \sim JD_{i+1}} - \theta \times y_i \sin \alpha_{JD_i \sim JD_{i+1}}$$
$$Y_i = Y_{HZ_i} - x_i \sin \alpha_{JD_i \sim JD_{i+1}} + \theta \times y_i \cos \alpha_{JD_i \sim JD_{i+1}} \quad (2)$$

式中,当曲线右转时 $\theta = 1$,左转时 $\theta = -1$。计算第一缓和曲线及上半圆曲线(ZH~HY~QZ)上桩点的测量坐标时用式(1),计算下半圆曲线及第二缓和曲线(QZ~YH~HZ)上桩点的测量坐标时用式(2)。

## 2. 方法二

（1）同方法一，分别计算出 ZH 和 HZ 点坐标。

（2）第一缓和曲线及圆曲线

将计算点与 ZH 点相连，长度用 $L$ 表示，其与切线的夹角用 $\theta$ 表示，如下图所示。

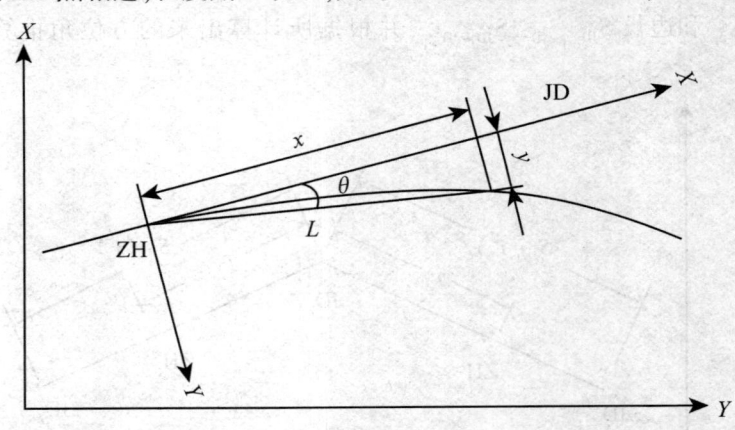

第一缓和曲线及圆曲线统一坐标

$$\theta = \tan^{-1}(y/x) \qquad L = \sqrt{x^2 + y^2}$$

式中，$x$、$y$ 为切线支距法计算的坐标。

逐桩统一坐标计算公式：

右偏曲线：

$$X_{中} = X_{ZH} + L\cos(A_1 + \theta) \qquad Y_{中} = Y_{ZH} + L\sin(A_1 + \theta)$$

左偏曲线：

$$X_{中} = X_{ZH} + L\cos(A_1 - \theta) \qquad Y_{中} = Y_{ZH} + L\sin(A_1 - \theta)$$

式中，$A_1$ 为第一直线前进方向方位角。

逐桩计算（从 ZH 到 YH）各中桩点坐标测设资料，并将计算结果填入相应表格。

（3）第二缓和曲线

将计算点与 ZH 点相连，长度用 $L$ 表示，其与切线的夹角用 $\theta$ 表示，如下图所示。

$$\theta = \tan^{-1}(y/x) \qquad L = \sqrt{x^2 + y^2}$$

式中，$x$、$y$ 为切线支距法计算的坐标，由于 $y$ 在此为三角形一条边，故统一取正值。

逐桩统一坐标计算公式：

右偏曲线：

$$X_{中} = X_{HZ} + L\cos(A_2 + 180° - \theta) \qquad Y_{中} = Y_{HZ} + L\sin(A_2 + 180° - \theta)$$

左偏曲线：

$$X_{中} = X_{HZ} + L\cos(A_2 + 180° + \theta) \qquad Y_{中} = Y_{HZ} + L\sin(A_2 + 180° + \theta)$$

式中，$A_2$ 为第二直线前进方向方位角。

逐桩计算（从 HZ 到 YH）各中桩点坐标测设资料，并将计算结果填入相应表格。

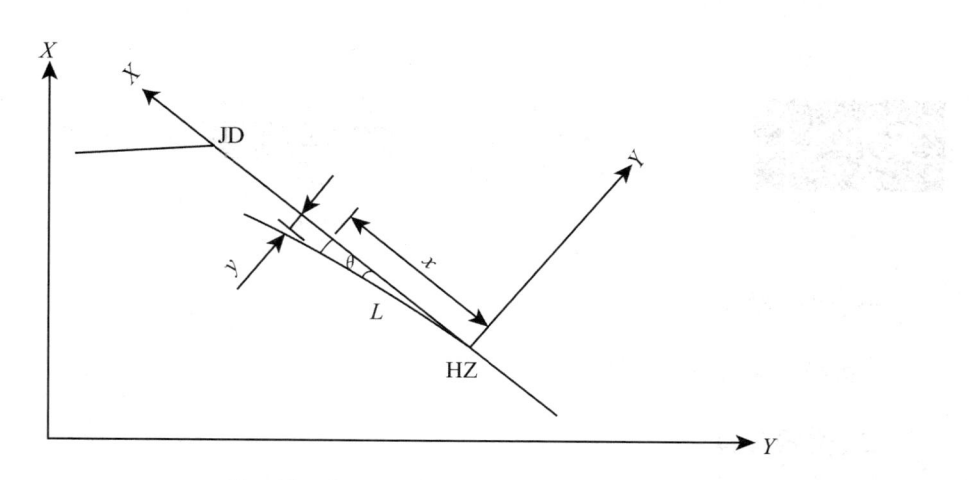

第二缓和曲线及圆曲线统一坐标

### （三）综合曲线主点及详细测设

以南方全站仪 NTS-322 为例说明测设方法：

1. 置仪于交点(JD)。瞄准线路起点 QD 定向,沿视线方向用全站仪测量水平距离 $T$,即得到 ZH 点,并打入木桩,且钉上小钉,以示点位。同理可得出 HZ 点。

2. 输入 JD 点坐标(切线支距法坐标或统一坐标,下同)。

3. 后视另外一个已知点,并输入后视点坐标。

4. 输入放样点 HY 点的坐标,按"角度"功能键,当 dHR=0 时,即为 ZH 点所在的方向,指挥同学拿着棱镜杆左右移到该方向上;按"距离"功能键,并指挥立镜同学在该方向上前后移动棱镜杆,当 dHD=0 时即为 HY 点。同理,用盘右,重复步骤 2~4,得出盘右 HY 点位。若两个点的点位误差的限差在允许范围内,则取其平均位置,作为最终测设点位(该方法称为正倒镜分中法)。

5. 同样,用正倒镜分中法测定 QZ 和 YH 点。

6. 用一个盘位测设,依次输入各测设桩点坐标,将曲线上每点逐一测设,并标定于地面上。

## 六、实训注意事项

1. 实训之前,必须完成所有资料的计算。

2. 计算资料时,所有各桩点均用里程表示。

3. 用切线支距法坐标测设曲线做一遍,然后用统一坐标法再详细测设做一遍,比较测设点位误差,并分析产生的原因。

## 实训 11　中平测量

### 一、目的要求

掌握线路纵断面测量方法。

### 二、仪器工具

每组自动安平水准仪（全站仪）1台，水准尺2把（简易棱镜对中杆及棱镜），记录板1个。

### 三、人员分工

每小组3~4人，司仪1人，记录1人，扶尺2人，集体讨论，轮流操作。

### 四、实训任务

每组完成一段纵断面测量。

### 五、实训方法及要领

1. 如下图所示，安置水准仪（全站仪）于测站Ⅰ，读出$BM_{13}$的后视读数，再读转点前视读数，最后再分别读DK3+000、+100、+120等中视读数并记入表中。
2. 第Ⅰ站观测完毕后，搬仪器至测站Ⅱ，按上述方法继续观测，至$BM_{14}$闭合。

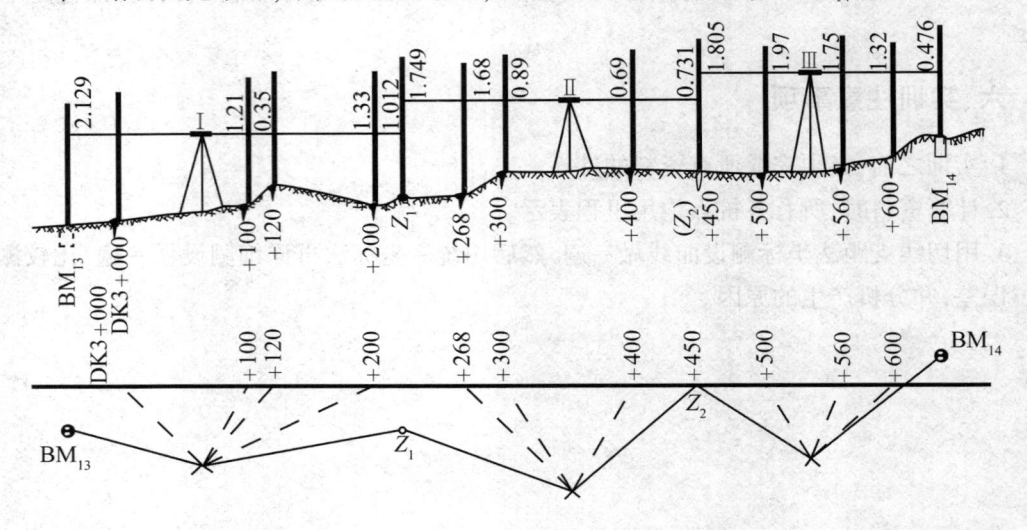

## 六、实训注意事项

1. 扶尺员要认真负责,遵守四要:尺要检查,转点要牢固,扶尺要竖直,一个测段内要用同一根尺。且测站数为偶数。

2. 观测者要遵守观测六要:仪器要检校,置仪要稳当,前后视距要等长,读数前气泡像要符合,读数要准确(消除视差),迁站要慎重,读完后视前视读数再搬迁。

3. 记录员要遵守四要:要边记边复诵,要记录清楚整洁,要原始记录,要计算复核。

4. 实训全过程中必须严格遵守操作规程,一般不得在道路中间置仪和立尺。

## 实训 12　花杆皮尺(全站仪)法横断面测量

### 一、目的要求

掌握线路横断面测量和绘制横断面图方法。

### 二、仪器工具

每组皮尺 1 把,花杆 3 根(或全站仪 1 套),记录板 1 块。

### 三、人员分工

每小组 3~4 人,司仪 1 人,记录兼打伞 1 人,集体讨论,轮流操作。

### 四、实训任务

每组完成 4 个横断面测量任务并按规定要求绘制横断面图。

### 五、实训方法及要领

#### (一)花杆皮尺法

1. 横断面测量要注意前进的方向及前进方向的左右。
2. 流程:将花杆立在中桩(如 DK27+800)上,同时在施测方向的横断面变化点 $a$ 处立花杆,用皮尺测出两花杆间的距离及皮尺到花杆底部的距离,并计算出相应的高差。
3. 将中桩上的花杆移到 $b$ 点,再测 $a$、$b$ 两点间的高差和距离。如此继续往前施测。

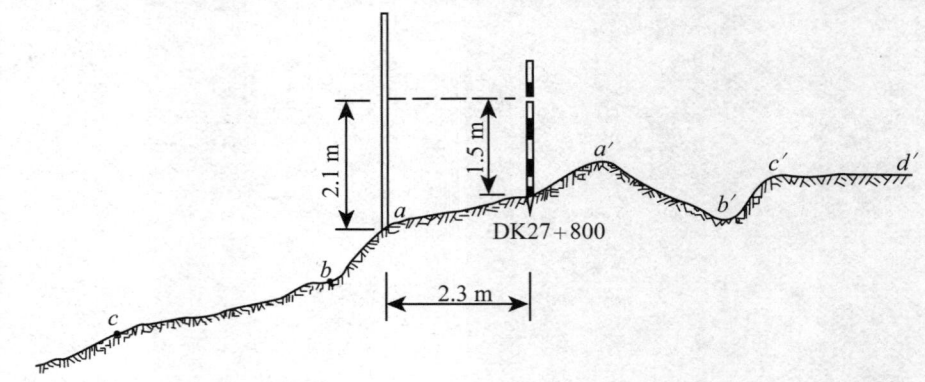

#### (二)全站仪法

1. 将全站仪安置在测区最高,且方便测量的地方。

2. 流程:将棱镜立在中桩(如 DK27+800)上,同时在施测方向的横断面变化点 $a$ 处立棱镜,全站仪照准棱镜,测出相应点的高差、水平距离(或平面坐标),并记录,同理测出该断面上其他变坡点。

3. 测完一个断面后,接着测出在该测站上能测出的其他所有断面。

### 六、实训注意事项

#### (一)花杆皮尺法

1. 量距前确认皮尺零刻度线的正确位置,了解全尺刻划情况。读数时要细心不要看错尺的注记数字。

2. 丈量时要做到一直:尺面伸展不扭曲;二平:尺面水平,不要将斜距当平距;三匀:拉力正确均匀,不要"拔河";四准:垂球落点准,测钎标点准,读数准,记录准(记录者要复诵记录数据)。

3. 丈量时不要拉倒链(即前链拉住尺的零点)。

#### (二)全站仪法

1. 注意测量前量取仪器高度及镜高,并记录。
2. 如测量断面点时镜高有变化,应及时通知测站记录。
3. 及时绘制断面图,以核对外业数据的正确性。

## 实训 13　路基边桩的放样

### 一、目的要求

掌握路基边桩测量方法。

### 二、仪器工具

每组全站仪 1 台,皮尺 1 把,测钎若干,记录板 1 块。

### 三、人员分工

每小组 3~4 人,司仪 1 人,记录兼打伞 1 人,跑点及定向各 1 人,集体讨论,轮流操作。

### 四、实训任务

每组完成 2 个路基边桩点的放样测量任务。

### 五、实训方法及要领

常用的边桩测设方法如下:

1. 图解法:直接在横断面图上量取中桩至边桩的距离,在实地用皮尺沿横断面方向测定其位置。

2. 解析法:路基边桩至中桩的平距系通过计算求得。

(1) 平坦地段路基边桩的测设

填方路基称为路堤,堤边桩至中桩的距离为 $D = \dfrac{B}{2} + mh$

挖方路基称为路堑,堑边桩至中桩的距离为 $D = \dfrac{B}{2} + S + mh$

式中,$B$ 为路基设计宽度;$m$ 为路基边坡坡度;$h$ 为填土高度或挖土深度;$S$ 为路堑边沟顶宽。

(2) 倾斜地段路基边桩的测设

在倾斜地段,边桩至中桩的距离随地面坡度的变化而变化。

路堤边桩至中桩的距离为:

斜坡上侧 $D_{上} = \dfrac{B}{2} + m(h_{中} - h_{上})$

斜坡下侧 $D_下 = \dfrac{B}{2} + m(h_中 + h_下)$

路堑边桩至中桩的距离为：

斜坡上侧：$D_上 = \dfrac{B}{2} + S + m(h_中 + h_上)$

斜坡下侧 $D_下 = \dfrac{B}{2} + S + m(h_中 - h_下)$

式中，$B$、$S$ 和 $m$ 为已知；$h_中$ 为中桩处的填挖高度；$h_上$、$h_下$ 为斜坡上、下侧边桩与中桩的高差，在边桩未定出之前则为未知数。根据地面实际情况，参考路基横断面图，估计边桩的位置。测出该估计位置与中桩的高差，据此在实地定出其位置。采用逐渐趋近法测设边桩。

### 六、实训注意事项

1. 取出仪器时，手要握住望远镜支架，绝对禁止拿着望远镜筒拖出仪器。
2. 要确认仪器与脚架连接稳妥后，握住仪器的手才能松开。
3. 操作中，当脚螺旋转至极限位置时，不允许再动。
4. 没有松开水平制动，不准水平转动照准部。否则，将严重损坏仪器，请大家特别注意！
5. 在拧紧各部分螺旋时，动作一定要轻，切不可过紧，以免损坏螺旋。
6. 微动螺旋的作用是有一定限度的，不能总是往一个方向拧动，应是有进有退。

## 实训 14　　桥梁墩台放样

### 一、目的要求

1. 掌握桥梁墩台放样的方法。
2. 掌握角度交会法。
3. 掌握坐标反算的方法。

### 二、仪器工具

全站仪 1 套,简易棱镜杆 1 根(钢尺 1 把),计算工具若干。

### 三、人员分工

每小组 4~5 人,司仪 1 人,放样 1~2 人,集体讨论,轮换操作。

### 四、实训任务

利用全站仪进行桥梁墩台的定测。

### 五、实训方法及要领

**1. 选点布网**

每组参照下图左图选点布网,$l_1 \sim l_5$ 的大小由指导教师给出。首先选 $A$、$B$ 两点(本应由定测阶段定出),定出桥梁走向,则 $AB$ 即为桥轴线;然后,选 $C$、$D$ 两点构成一大地四边形。注意:$AD$ 和 $BC$ 的长度应为 $AB$ 长度的 0.7~0.8 倍,最短不应小于 0.5 倍。

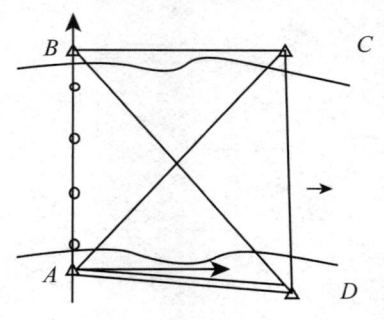

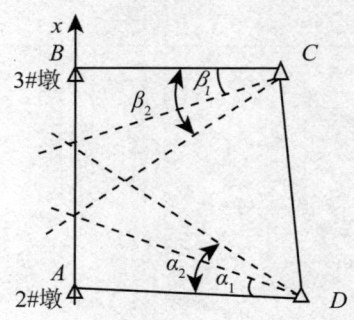

2.桥梁控制网的施测方法和精度要求

(1)测量基线 AD。

(2)角度观测。要求每人至少测一测回,观测数据记录在"方向观测法记录表"中。

(3)控制测量的内业计算。将大地四边形作为一闭合导线,在"大地四边形坐标计算表"中计算各控制点的坐标(注意:无须进行角度闭合差和坐标增量闭合差的计算和调整)。计算时,假定 A 点坐标为(200.000,200.000),AB 为 x 轴的正向,即 $\alpha_{AB} = 0°00'00''$。

3.桥梁墩台中心的放样

如上页图右图所示,本实训只要求放样2#墩、3#墩的中心位置。

(1)墩台中心放样资料的计算

根据控制点的计算坐标和墩台中心的设计坐标,用坐标反算的方法求出墩台中心的交会角。上页图右图中2#墩的交会角为 $\alpha_1$、$\beta_1$;3#墩的交会角为 $\alpha_2$、$\beta_2$。

交会角算完后,画出墩台放样示意图,并将交会角标到图中。

(2)墩台中心的放样与复核

①墩台中心的放样

将全站仪置于 C、D、A 三点,按三方向交会法定出 2#墩、3#墩的中心位置,并记录示误三角形的形状和大小。

示误三角形最大边长允许值为 25 mm。满足要求后,将非桥轴线上的那个三角形顶点投影到桥轴线上,则投影点即为墩台中心。

②用钢尺采用直接丈量法自 A 点沿桥轴线方向按设计位置复核 A 点到 2#墩、2#墩到 3#墩、3#墩到 B 点的距离,以复核交会定位成果的可靠性。

## 六、实训注意事项

1.用光电测距仪或全站仪进行测量。将观测数据填在"光电测距记录与成果计算表"中,对测距成果施加气象改正、加常数改正、乘常数改正和倾斜改正,求得 AD 的平距,并根据仪器的检定精度计算测距中误差 $m_{AD}$。

2.采用 2 秒级全站仪按方向观测法测定大地四边形的全部内角。每个测站均测两个测回,测站作业限差要求如下表。

| 半测回归零差 | 同方向各测回 2C 互差 | 同一方向各测回互差 |
|---|---|---|
| 8″ | 13″ | 10″ |

3.测站作业满足限差要求后,即应进行方向观测法的测站平差,求得各方向测站平差后的方向值,并据此求出各内角观测值。然后,用菲列罗公式初步评定测角精度:

$$m_\beta = \pm \sqrt{\frac{[\omega\omega]}{3n}}$$

式中,$\omega$ 为三角形的角度闭合差,每个 $\omega$ 应小于允许闭合差(±30″);n 为三角形个数。

测角中误差的允许值为 $m_\beta = \pm 10''$。

## 实训 15　全站仪数字化测图

### 一、目的要求

掌握用全站仪进行大比例尺地面数字测图外业数据采集的作业方法和内业成图的方法,学会使用数字测图系统软件(如 CASS 9.0、SV 300、SCS GIS 2000 等)。

### 二、仪器工具

全站仪 1 套,棱镜 2 套,计算机 1 台,绘图仪 1 台,图纸若干。

### 三、人员分工

每小组 6~7 人,司仪 1 人,记录 1 人,跑尺 2 人,计算 2 人,集体讨论,轮流操作。

### 四、实训任务

1. 全站仪地面数字测图外业数据采集。
2. 全站仪数字化测图的内业成图。

### 五、实训方法及要领

数字化测图根据所使用设备的不同,可采用两种方式实现:草图法和电子平板法。

电子平板法由于笔记本电脑价格较贵,电池连续使用时间短,数字测图成本高,故实际中多采用草图法。

1. 草图法数字测图的流程:外业使用全站仪测量碎部点三维坐标的同时,领图员绘制碎部点构成的地物形状和类型并记录下碎部点点号(必须与全站仪自动记录的点号一致)。

内业将全站仪或电子手簿记录的碎部点三维坐标,通过 CASS 传输到计算机,转换成 CASS 坐标格式文件并展点,根据野外绘制的草图在 CASS 中绘制地物。

2. 全站仪野外数据采集步骤

(1) 置仪:在控制点上安置全站仪,检查中心连接螺旋是否旋紧,对中、整平、量取仪器高、开机。

(2) 创建文件:在全站仪 Menu 中,选择"数据采集"进入"选择一个文件",输入一个文件名后确定,即完成文件创建工作,此时仪器将自动生成两个同名文件,一个用来保存采集到的测量数据,一个用来保存采集到的坐标数据。

(3) 输入测站点：输入一个文件名，回车后即进入数据采集之输入数据窗口，按提示输入测站点点号及标识符、坐标、仪高，后视点点号及标识符、坐标、镜高，仪器瞄准后视点，进行定向。

(4) 测量碎部点坐标：仪器定向后，即可进入"测量"状态，输入所测碎部点点号、编码、镜高后，精确瞄准竖立在碎部点上的反光镜，按"坐标"键，仪器即测量出棱镜点的坐标，并将测量结果保存到前面输入的坐标文件中，同时将碎部点点号自动加1返回测量状态。再输入编码、镜高，瞄准第2个碎部点上的反光镜，按"坐标"键，仪器又测量出第2个棱镜点的坐标，并将测量结果保存到前面的坐标文件中。按此方法，可以测量并保存其后所测碎部点的三维坐标。

3. 下传碎部点坐标：完成外业数据采集后，使用通信电缆将全站仪与计算机的COM口连接好，启动通信软件，设置好与全站仪一致的通信参数后，执行下拉菜单"通信/下传数据"命令；在全站仪上的内存管理菜单中，选择"数据传输"选项，并根据提示顺序选择"发送数据""坐标数据"和选择文件，然后在全站仪上选择"确认发送"，再在通信软件上的提示对话框中单击"确定"，即可将采集到的碎部点坐标数据发送到通信软件的文本区。

4. 格式转换：将保存的数据文件转换为成图软件(如CASS)格式的坐标文件格式。执行下拉菜单"数据/读全站仪数据"命令，在"全站仪内存数据转换"对话框中的"全站仪内存文件"文本框中，输入需要转换的数据文件名和路径，在"CASS坐标文件"文本框中输入转换后保存的数据文件名和路径。这两个数据文件名和路径均可以单击"选择文件"，在弹出的标准文件对话框中输入。单击"转换"，即完成数据文件格式转换。

5. 展绘碎部点、成图：执行下拉菜单"绘图处理/定显示区"确定绘图区域；执行下拉菜单"绘图处理/展野外测点点位"，即在绘图区得到展绘好的碎部点点位，结合野外绘制的草图绘制地物；再执行下拉菜单"绘图处理/展高程点"。经过对所测地形图进行屏幕显示，在人机交互方式下进行绘图处理、图形编辑、修改、整饰，最后形成数字地图的图形文件。通过自动绘图仪绘制地形图。

## 六、实训注意事项

1. 控制点数据由指导教师统一提供。

2. 在作业前应做好准备工作，全站仪的电池、备用电池均应充足电。

3. 用电缆连接全站仪和计算机时，应选择与全站仪型号相匹配的电缆，小心稳妥地连接。

4. 采用数据编码时，数据编码要规范、合理。

5. 外业数据采集时，记录及草图绘制应清晰、信息齐全。不仅要记录观测值及测站有关数据，同时还要记录编码、点号、连接点和连接线等信息，以方便绘图。

6. 数据处理前，要熟悉所采用软件的工作环境及基本操作要求。

## 实训 16　建筑物放样

### 一、实训目的

掌握建筑基线的测设方法及建筑物轴线放样和高程测设。

### 二、仪器工具

全站仪 1 台,棱镜 2 台,水准仪 1 台,水准尺 1 把,钢尺 1 把,棱镜杆 1 根,测钎 1 组,花杆 2~3 根,锤子 1 把,记录板 1 块,木桩 8~10 个,铁钉若干。

### 三、人员分工

每小组 8~9 人,司仪 1 人,后视 1 人,记录兼打伞 1 人,计算 1 人,前尺手、后尺手各 1 人,对点 1 人,打桩 1 人,集体讨论,轮流操作。

### 四、实训任务

根据实训教师设计的建筑基线和一建筑物,完成建筑基线和建筑物测设资料的计算,并完成测设工作。

### 五、实训方法及要领

#### (一)准备资料

根据所给定的已知资料,计算出测设资料。

#### (二)建筑基线的测设方法

采用全站仪坐标放样法测设建筑基线,以南方全站仪 NTS-322 为例:

1. 在一导线点上安置全站仪,输入测站点坐标。

2. 后视另外一导线点,输入后视点坐标,并定向。

3. 输入放样点的坐标,按"角度"功能键,当 dHR=0 时,即为放样点所在的方向,指挥同学拿着棱镜杆左右移到该方向上;按"距离"功能键,并指挥立镜同学在该方向上前后移动棱镜杆,当 dHD=0 时即为放样点。

4. 按"继续"功能键,继续输入下一点坐标,按照上述方法,即可测设出建筑基线另外两点的平面位置。

**5. 调整建筑基线**

(1) 将全站仪安置于 $O'$ 点，精确测出 $\angle A'O'B'$ 的角度 $\beta$，若与 $180°$ 之差超过 $\pm 10''$ 时，则对 $A'$、$O'$、$B'$ 的点位进行调整；

(2) 调整三点：如下图所示，调整 $A'$、$O'$、$B'$ 三点使成一直线，其调整值 $\delta$ 为：

$$\delta = \frac{ab(180°-\beta)}{2\rho(a+b)}$$

式中，$\rho = 206265$。

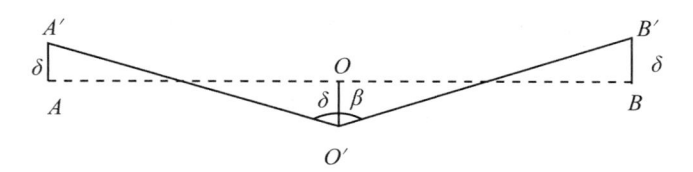

## （三）建筑物轴线的放样

1. 如下图所示，将拟建建筑物轴线 13 和 24 延伸交建筑基线于 $M$、$N$ 两点，并从图上量得 $MO$ 和 $NO$ 的距离分别为 $c$、$d$。

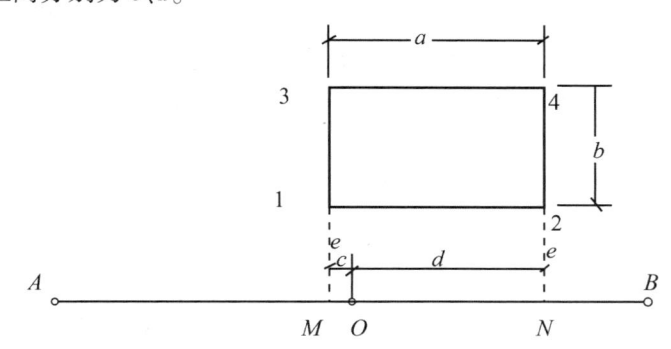

2. 在 $O$ 点上安置全站仪，瞄准 $A$、$B$ 两点，分别量取得到 $M$、$N$ 两点。

3. 将仪器移至 $M$ 点，瞄准 $A$ 点，归零，转动照准部，当度盘读数等于 $90°$ 时，得到垂线方向，然后从 $M$ 点沿该方向量取 $e$，得到 1 点，同样方法得到 2，3，4 点。

4. 检查 12 和 34 的距离是否等于 $a$，四个角是否等于 $90°$，误差在 $1/5000$ 和 $\pm 1'$ 之内即可。注意：采用正倒镜分中法测设角度，距离采用往返测量。

## （四）高程测设

1. 假设 $O$ 点高程为 $H_O = 87.112$ m，室内地面 $\pm 0.000$ m 的设计高程为 $H_{设} = 88.000$ m，在 1，2，3，4 木桩上标注 $\pm 0.000$ m 的位置。

2. 在 1 点和 $O$ 点中间安置水准仪，瞄准 $O$ 点水准尺读数为 $a$，转动望远镜瞄准 1 点水准尺，紧贴木桩侧面上下移动水准尺，当水准尺读数等于 $b = H_O + a - H_{设}$ 时，尺底位置即为 1 点的高程位置，在木桩沿尺底画一红线代表 1 点的高程位置。

3. 同样方法得到 2，3，4 点的高程位置。

4.检查1,2,3,4点的高差,其值都应该为0,若误差在±3 mm之内,精度合格,否则重新测设。

## 六、实训注意事项

1.设计数据、设计方案应事先做好,测设过程的计算数据要现场计算,且保证计算无误。
2.根据设计方案,领取相应的仪器、工具。
3.若放样结果不满足要求,需返工重做。

## 实训 17　管道中线测量

### 一、目的要求

1. 了解管道中线测量的基本知识。
2. 掌握管道中线测量的方法和步骤。

### 二、仪器工具

全站仪 1 套,对中架 2 副,棱镜 2 个,花杆 1 根,记录板 1 块。

### 三、人员分工

每小组 6~7 人,司仪 1 人,安置棱镜 2 人,记录 1 人,集体讨论,轮换操作。

### 四、实训任务

利用全站仪放样测量功能测设出约 100 m 管道中线上主要中桩点。

### 五、实训方法及要领

(一)根据设计图纸计算出中线桩的测设数据。

(二)根据测设数据采用点位测设的方法把中线桩测设在地面上。

(三)仪器操作

1. 按"MENU",进入主菜单测量模式。
2. 按"LAYOUT",进入放样程序,再按"SKP",略过使用文件。
3. 按"OOC. PT(F1)",再安"NEZ",输入测站 $O$ 点的坐标($X_0, Y_0, H_0$);并在 INS. HT 一栏,输入仪器高。
4. 按"BACKSIGHT(F2)",再按"NE/AZ",输入后视点 $A$ 的坐标($X_A, Y_A$);若不知 $A$ 点坐标而已知坐标方位角 $\alpha_{OA}$,则可再按"AZ",在 HR 项输入 $\alpha_{OA}$ 的值。瞄准 $A$ 点,按"YES"。
5. 按"LAYOUT(F3)",再按"NEZ",输入待放样点 $B$ 的坐标($X_B, Y_B, H_B$)及测杆单棱镜的镜高后,按"ANGLE(F1)"。使用水平制动和水平微动螺旋,使显示屏上显示的 dHR = 0°00′00″,即找到了 $OB$ 方向,指挥持测杆单棱镜者移动位置,使棱镜位于 $OB$ 方向上。
6. 按"DIST",进行测量,根据显示的 dHD 来指挥持棱镜者沿 $OB$ 方向移动,若 dHD 为正,则向 $O$ 点方向移动;反之若 dHD 为负,则向远处移动,直至 dHD = 0 时,立棱镜点即为 $B$ 点的平面位置。

## 六、实训注意事项

1. 瞄准目标一定要精确。
2. 注意目标高和仪器高的量取和输入。

# 实训18　隧道开挖轮廓线放样

## 一、目的要求

掌握隧道开挖轮廓线放样方法。

## 二、仪器工具

2秒全站仪1台,DS3水准仪1台,塔尺1把,5 m小钢尺3把,垂球1个,棱镜1个(配套对中器1个),毛笔2支,油漆1桶,记录本1个,手电筒2把。

## 三、人员分工

每组6~7人,后视1人,司仪1人,数据计算1人,前视定点及支距丈量3人,集体讨论,轮换操作。

## 四、实训任务

每组完成一个断面开挖轮廓线放样。

## 五、实训方法及要领

方法一:直线隧道穿线法

1. 置镜点及后视点应埋在隧道结构中线上。
2. 提前计算支距并确保无误。
3. 穿线法放样中线:将全站仪架设在置镜点上,照准后视点后倒转望远镜,指示前视人员在掌子面上拱顶及地板大致高度各定出两个中点。
4. 丈量隧道掌子面里程并计算拱顶开挖高程。
5. 水准仪放样拱顶中心点。
6. 用小钢尺丈量支距放样开挖轮廓线。

方法二:曲线隧道全站仪坐标放样法

1. 提前将预计中桩坐标及高程计算好并保证无误,坐标计算方法见实训10。
2. 提前计算丈量支距并确保无误。
3. 按预计开挖里程用全站仪坐标放样法放样隧道拱顶中心点,测距后更正里程重新计算坐标及高程并放样。注:若全站仪可免棱镜测距,在输入置镜点坐标时一并输入高程及仪高,放样点坐标输入时同时输入高程,根据指示直接定出拱顶点;若全站仪无免棱镜测距功能,则用水准仪定出拱顶点。

4. 用小钢尺丈量支距放样开挖轮廓线,或用全站仪坐标放样法放样隧道轮廓线(注:由于掌子面凸凹不平,掌子面各点实际均处于不同里程上,因此需要根据距离指示反复更正里程进行坐标计算及放样,工作量繁重,全断面开挖时施工现场极少采用)。

## 六、实训注意事项

1. 隧道结构中心与设计线路中心有时并不一致,特别是铁路单线隧道曲线段和下锚段、铁路双线隧道、公路隧道加宽带等,坐标计算时要特别注意。

2. 高程计算时要根据所处竖曲线情况套用正确公式。

3. 支距丈量时必须有一人在后方观察钢尺是否水平。

4. 当掌子面凸凹现象严重或预留核心土开挖,无法从中心丈量支距时,必须用全站仪坐标放样法放样隧道轮廓线。

5. 实训时戴安全帽,并注意高空作业安全。

6. 每组最少放样两次以检验放样点的正确性。

# 实训 19　GPS 接收机的认识及静态数据采集

## 一、目的要求

了解 GPS 接收机的组成部分及其连接,掌握 GPS 静态相对定位数据采集的操作。

## 二、仪器工具(以南方灵锐 S86 为例)

南方灵锐 S86(1+2)接收机 1 套及其他相关配套工具。

## 三、人员分工

全班分为两个大组,教师先演示操作,然后同学轮换操作及观摩。

## 四、实训任务

掌握 GPS 接收机的基本操作及 GPS 静态测量数据采集的基本方法。

## 五、实训方法及要领

1. 熟悉 GPS 接收机的组成部件(天线、主机及其操作面板、电源等)及精度指标。
2. 熟悉 GPS 静态相对定位数据采集。
3. 南方灵锐 S86 操作
(1)连接基座和主机,连接天线与主机;
(2)在选定的测量控制点上,分别架设一台接收机,进行对中、整平。
(3)开机并检查 GPS 各指示灯是否正常。各测站保持联系,确保足够长的同步观测时间。
(4)将测高板架在接收机的天线上,用小钢尺测量天线高度,并将天线高记录在记录手簿中。天线高应在开机前和关机后分别测量一次,精确到毫米。
(5)记录设站点点名、该站 GPS 接收机编号、观测点测量起止时间、天线高等。

## 六、实训注意事项

1. 使用仪器时,应按要求操作。
2. 安装(或更换)电池时,应注意电池的正负极性,不要将正负极装反。
3. 架设仪器时,应扣紧接收机与基座的螺旋,以防接收机从脚架上脱落。
4. 操作过程中,注意观察各指示灯的情况。

# 实训 20　GPS 静态相对定位数据处理

## 一、目的要求

掌握 GPS 静态相对定位数据处理。

## 二、仪器工具(以南方灵锐 S86 为例)

"南方测绘 GPS 数据处理"软件。

## 三、人员分工

每人 1 台电脑,通过专业软件进行 GPS 静态相对位置数据处理。

## 四、实训任务

掌握 GPS 静态相对定位数据处理的基本方法。

## 五、实训方法及要领

1. 新建项目:打开"南方测绘 GPS 数据处理"软件→打开"文件"→选择"新建",按提示输入相关内容,其坐标系要选正准,如果是地方坐标系,需要自己定义坐标系并设置其中内子午线,具体操作为:在坐标设置→新建→输入坐标系统名称→再输入中央子午线→返回即可。

2. 导入观测量数据:点击"数据输入"→打开"增加观测数据文件"→按提示对话框选择数据路径并打开要进行解算的 GPS 观测数据文件,并且输入仪器高,保存。

3. 基线解算

(1)点击"基线解算"菜单→打开"静态基线处理设置"进行参数设置,但一般是按默认的;

(2)点击"基线解算"菜单→点击"全部解算"。

4. 平差处理

(1)点击"平差处理"→选择"平差参数设置";

(2)然后在"平差处理"里依次进行"自动处理""闭合环闭合差(所有基线)""三维平差"处理;

(3)分别检查左边屏幕上的菜单内容是否有超限,如超限需要调整数据和解算参数。

5. 不合格基线或超限基线的调整

(1)在左屏幕菜单选择"观测数据文件"→查看其中的数据,找到不合格的观测数据文件,进行双击,即弹出一个该数据的"数据编辑"对话框,里面显示的红线和蓝线分别代表GPS采集的L1和L2载波信号,其是一条直线表示信号非常好,如有断点,则表明此对应的卫星信号很差,可以选择"禁止使用"命令,然后用鼠标将不合格的进行框选,不让其参加数据解算,然后点击"基线解算"→选择"解算不合格基线"进行不合格基线的重新解算;

(2)在左屏幕菜单选择"基线简表"→查看其中的基线,找到不合格的基线进行双击,弹出"基线情况"对话框→查看其方差比,一般要求大于3,越大越好,通常可以通过改动对话框中的"高度截止角""历元间隔"再点击下面的"解算"命令进行改基线的重新解算。

6. 已知坐标录入:点击"数据输入"菜单→选择"坐标数据录入"→在对话框中,依次输入已知点对应的"北向X""东向Y""高程"→点击"确定"。

7. 进行二维平差:点击"平差处理"菜单→依次选择"二维平差""高程拟合",即完成所有正常的平差工作。

8. 网平差计算:点击"平差处理"菜单→选择"网平差计算"。注,此项工作可以一次完成以下内容,包括"自动处理""闭合差计算""三维平差""二维平差""高程拟合"。

9. 成果输出:点击"成果"菜单→按自己要求选择要打印的内容。

## 实训 21　　GPS-RTK 观测

### 一、目的要求

掌握 GPS 接收机进行 RTK 观测方法及操作技术。

### 二、仪器工具（以南方灵锐 S86 为例）

南方灵锐 S86（1+2）接收机 1 套。

### 三、人员分工

全班分为两个大组，教师先演示操作，然后同学轮换操作及观摩。

### 四、实训任务

完成教师规定的点的测量或放样工作。

### 五、实训方法及要领

1. 连接各 GPS 接收机，并检查接收机是否处于正常状态。
2. 在接收机专用操作手簿上，新建测量文件名并保存。
3. 按操作提示设定参数及所在测量地区的中央子午线，并确定保存。
4. 在测区内找到至少三个以上已知测量控制点，将这些点的已知测量数据输入手簿。交移动站 GPS 接收机分别测量这三个点，求出转换参数，并检查确认参数求解正确。
5. 进行其他点的测量程序：点击"测量"→"目标点测量"，然后在弹出对话框中输入点号和天线高，选择"确定"；或者按手簿上"A"键进行测量；快速按两下"B"键可进入测量点坐标库快速查看已测点的数据。
6. 进行工程放样程序操作
（1）点击"测量"→"点放样"，进入放样屏幕，点击"文件选择"按钮，打开放样点坐标库；
（2）在放样点坐标库中导入事先编辑好的放样文件 *.ptb，并选择放样点或直接输入放样点坐标，确定后进入放样指示界面；
（3）放样界面显示了当前点（ ）与放样点（ ）之间的距离为……m，DX 为南……m，DY 为东……m，根据提示进行移动放样；

(4)在放样过程中,当前点移动到离目标点 0.9 m 的距离以内时,软件会进入局部精确放样界面,同时软件会给控制器发出声音提示指令,控制器会有"嘟"的一声长鸣音提示。根据提示再精确放样点位。

## 六、实训注意事项

1. 注意 GPS 接收机各部件的正确连接,测量中应随时观察接收机各指示灯的正常工作状态。

2. 基准站应安置在开阔地方,并距离电磁场一定安全距离,应保证与移动站在测量过程中的正常联系。

3. 移动站 GPS 接收机立于测量点时,处于固定解状态时,才能进行测量;当显示为浮动解时,不能进行测量。测量时,测站附近遮挡的障碍物不能太多。

4. GPS 接收机不能靠近强电磁场,使用中应保证仪器安全。

## 实训 22　　既有线里程测量

### 一、目的要求

掌握既有线里程丈量的基本方法。

### 二、仪器工具

钢尺 2 把,记录板 2 块,油漆、毛笔及粉笔若干,2H 铅笔 1 支(自备)。

### 三、人员分工

全组 6~8 人,量距 4~5 人,写标 1 人,记录 1 人,集体讨论,轮换操作。

### 四、实训任务

要求完成一段既有线里程丈量及写标任务。

### 五、实训方法及要领

1. 由教师指定既有线里程丈量起点(如岔尖、桥梁中心里程),对铁路专用线或其他铁路线路进行纵向里程丈量。

2. 直线地段里程丈量时,可沿左股轨面进行;曲线地段里程丈量时,应沿线路中线进行丈量。

3. 丈量分设前链和后链,前后链的丈量较差与其平均值的相对误差在 1/2000 以内时,丈量符合精度要求,里程丈量结果以前链为准。否则,应予重测,直至满足要求。

4. 所有公里标、百米标和加标的位置,均应用白油漆标注在钢轨外侧。直线地段标注在左轨上,曲线地段若左轨为外股时,还应在内轨上进行标注。标注时,在钢轨外侧从轨顶边到钢轨腹部画一条竖线作为里程标记,竖线上加一短横线表示里程的加号。公里标应写全里程,百米标和加标的里程可不写公里数,直接写在竖线右边,如"K12+050.30",可写成"+050.30"。

### 六、实训注意事项

1. 注意加标的选定。如道岔、桥梁桥台前台、中心、台尾。
2. 加标的里程取位至厘米。

3. 丈量时应当进行尺长改正。

4. 曲线上进行丈量时,可以沿线路左股进行,同时加上伸长(缩短)量改正即可。

5. 当丈量的精度在允许范围内时,每间隔一定的距离应设置断链,消除丈量误差。断链标应设在直线段,在大桥、隧道进口或进出车站的道岔岔尖前位置。

## 实训 23　既有线高程测量

### 一、目的要求

掌握既有线钢轨顶面的标高测量方法及技能。

### 二、仪器工具

水准仪(自平仪)1 部,水准尺 2 根,记录板 2 块,2H 铅笔 2 支(自备)。

### 三、人员分工

全组 4~6 人,司仪 1 人,扶尺 1 人,记录 1 人,集体讨论,轮换操作。

### 四、实训任务

要求完成一段既有线中桩轨面高程测量工作。

### 五、实训方法及要领

1. 由教师指定线路,从某水准点出发为后视点,根据线路里程测量标定的中桩,分别测量出其轨面高程。
2. 可选定地面点或线路中桩点作转点,按水准中平测量方法测到指定的另一水准点复核。
3. 记录手簿的校核,分别累加后视总和 $\Sigma a$ 和前视总和 $\Sigma b$。按下式检查计算是否有误:$\Sigma h = \Sigma a - \Sigma b$。
4. 检查高程闭合差是否在允许范围内,$f_{h测} = HBM_{终测} - HBM_{终理}$,限差按《测规》要求:$f_{h限} = \pm 50\sqrt{L}$(mm),若 $f_{h测} \leqslant f_{h限}$,则测量合格。
5. 如果测量两个单程,则要求各中桩点高程较差不大于 10 mm,则以第一次测量的为准。

### 六、实训注意事项

1. 记录时,一定要立尺的同学报中桩点的桩号。
2. 中桩的中视读数可取到厘米,其他读数要求取到毫米。
3. 测量时应注意立尺位置:直线上可立于左股轨顶,曲线上则应立于内侧钢轨轨顶。
4. 每隔一定距离应当与线路水准点附合,以检查测量的精度。

## 实训 24　既有线中线测量

### 一、目的要求

每组独立完成一个既有线曲线测量,计算出整个曲线的总偏角并评定测量精度。

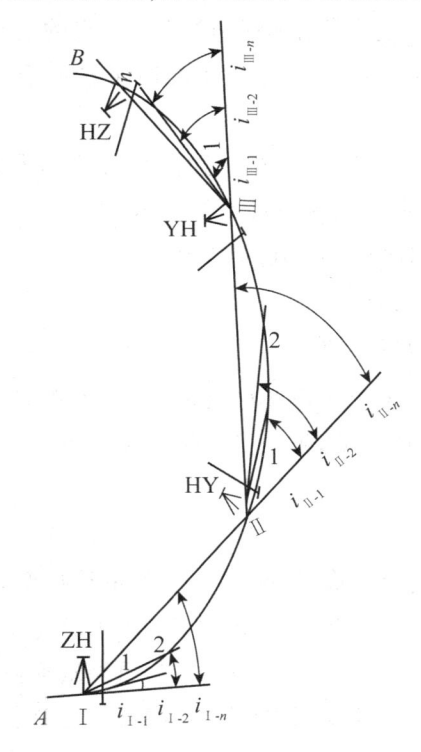

### 二、仪器工具

全站仪 1 台,对点器 2 个以上,记录板 1 块,2H 铅笔 1 支(自备)。

### 三、人员分工

全组 6~8 人,司仪 1 人,对点 3 人以上(对后点 1 人,对前点 2 人以上),记录 1 人,集体讨论,轮换操作。

### 四、实训任务

要求完成一个既有铁路曲线的测量,并计算观测精度。

## 五、实训方法及要领

1. 如上图所示,一般在既有线测量中,沿外轨进行测量既有线。置镜于 I 点(曲线起点),后视 A 点(直线上邻桩),读角记录,顺序前视 I—II 间曲线每 20 m 处的测点,读角记录;倒镜移动度盘,后视 A,读角记录,再按相反的顺序前视 II—I 间每 20 m 各点并读角记录;测回法的一个测回的允许误差不大于 30″时取平均值,若个别点超出允许误差,允许在前视重读一次,若有几点,则应重对点后,再进行测量。

另一种方法是置镜于 I 点,后视 A 点后,直接用一次测回法分别测定出各 20 m 点的水平角,这样可减少前点的来回往返,但增加观测者多对后点的工作;此外,为了记录与计算的简便,也可在置镜于 I 点,度盘归零,后视 A 点照准切线方向,用正倒镜直接测出各 20 m 点的偏角 $i_{I-1}, i_{I-2}, \cdots, i_{I-n}$ 等。

2. 置镜于 II 点(HY 附近)后视 I 点,按上述测角方法测出 II—III 间各 20 m 点的偏角 $i_{II-1}, i_{II-2}, \cdots, i_{II-n}$。再置仪于 III,直至测到曲线终点为止。

3. 最后置镜于曲线终点(HZ)用正倒镜得 $i$ 角。

4. 曲线总偏角:$\beta = i_{I-n} + i_{II-n} + i_{III-n} + \cdots + i_n$。

5. 精度要求:角度闭合差的容许值为:

$f_\beta = \Sigma\beta_测 - \beta_理$ $\qquad$ $f_{\beta限} = \pm 30\sqrt{n}\,(″)$($n$ 为置镜点数)

$f_\beta \leq f_{\beta限}$,则测量合格。否则,应重测,直到测量成果合格。

## 六、实训注意事项

1. 测量时可将仪器置于曲线内轨,测各 20 m 内轨曲线桩点的偏角读数。

2. 搬站前应正倒镜观测各后视点、下一转镜点的水平度盘读数,要求对应的各正倒镜较差均不得大于 20″(2 秒级全站仪),否则不合格,应当重测量本测站。

3. 记录时应对应各中桩里程,绝对不能混淆各中桩里程及水平度盘读数。

4. 测量时应注意安全,并随时检查测量仪器的整平精度等。

# 实训 25　GPS-RTK 铁路既有线中线测量

## 一、目的要求

掌握 GPS-RTK 既有线曲线测量的基本方法及技能。

## 二、仪器工具

GPS 1 套(至少 1 台基站,2 台流动站),记录板 1 块,2H 铅笔 1 支(自备)及其他相应测量工具设施。

## 三、人员分工

全组 4~5 人,基站 1 人,流动站 2 人,记录 1 人,集体讨论,轮换操作。

## 四、实训任务

要求完成一个既有铁路曲线的测量。

## 五、实训方法及要领

1. 按照要求设置 GPS 参数。
2. 在检验转换参数正确后,即可进行对流动站的测量。两个流动站编号分别为 1 号、2 号。如右图所示,首先在两个流动站分别对起点 $P_1$ 和 $P_2$ 同时施测,一次测量构成一个三角形;其次 1 号流动站不动,2 号流动站移至 $P_3$ 点,同时施测 $P_1$、$P_3$ 点;然后 2 号流动站不动,1 号流动站移至 $P_2$ 点,同时施测 $P_2$、$P_3$ 点,依次沿轨道测量其他点。直线段可以沿一侧钢轨测量,50 m 左右设一测站。曲线段沿铁路外轨测量,20 m 左右设一测站。同时记录相关点的属性信息。
3. 当一个参考站的覆盖范围不足以覆盖所需测段时,应根据情况,建立新的参考站,继续测量。

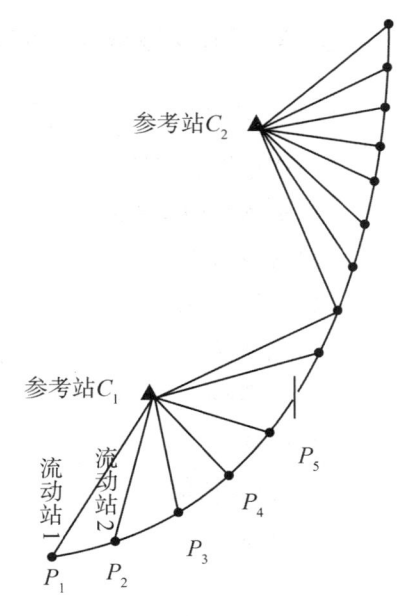

**铁路既有线 RTK 测量示意图**

## 六、实训注意事项

1. 基站设立到较高点上,周围尽可能无遮挡物。
2. 流动站不能距离基站太远。
3. 作业区域无强电磁干扰。

## 实训 26　精密电子水准仪的认识及使用

### 一、目的要求

了解精密电子水准仪构造及各螺旋的作用,掌握电子水准仪的操作使用。

### 二、仪器工具

电子水准仪 1 台,条码水准尺 1 对,尺垫 2 个,扶杆 4 根,记录板 1 块,测伞 1 把。

### 三、人员安排

全组 4~8 人,司仪 1 人,立尺 2 人,记录 1 人,集体讨论,轮换操作。

### 四、实训任务

熟悉精密电子水准仪构造及各螺旋的作用,能使用精密电子水准仪进行水准测量。

### 五、实训方法及要领(以天宝 DINI 03 为例)

1. 硬件外观

(1) 望远镜遮阳板

(2) 望远镜调焦螺旋

(3) 触发键

(4) 水平微调

(5) 刻度盘

(6) 脚螺旋

(7) 底座

(8) 电源/通信口

(9) 键盘

(10) 显示器

(11) 圆水准气泡

(12) 十字丝

(13) 可以动圆水准气泡调节器

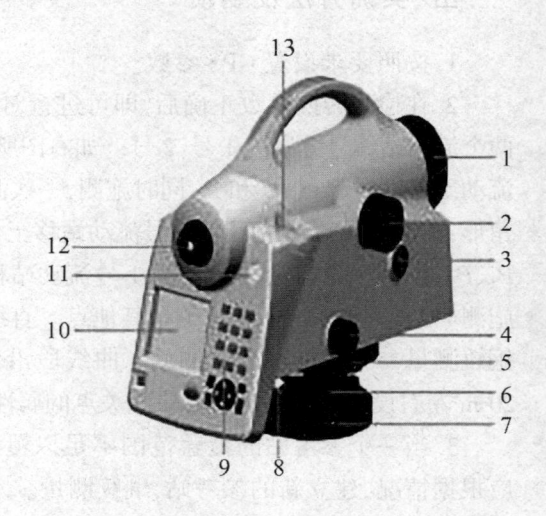

## 2. DINI 软件描述

| 主菜单 | 子菜单 | 子菜单 | 描述 |
| --- | --- | --- | --- |
| 1. 文件 | 工程菜单 | 选择工程 | 选择已有工程 |
|  |  | 新建工程 | 新建一个工程 |
|  |  | 工程重命名 | 改变工程名称 |
|  |  | 删除工程 | 删除已有工程 |
|  |  | 工程间文件复制 | 在两个工程间复制信息 |
|  | 编辑器 |  | 编辑已存数据、输入、查看数据、输入改变代码列表 |
|  | 数据输入/输出 | DINI 到 USB | 将 DINI 数据传输到数据棒 |
|  |  | USB 到 DINI | 将数据棒数据传入 DINI |
|  | 存储器 | USB 格式化 | 记忆棒格式化,注意警告信息 |
|  |  |  | 内/外存储器,总存储空间,未占用空间,格式化内/外存储器 |
| 2. 配置 | 输入 |  | 输入大气折射、加常数、日期、时间 |
|  | 限差/测试 |  | 输入水准线路限差(最大视距、最小视距高、最大视距高等信息) |
|  | 校正 | Forstner 模式 | 视准轴校正 |
|  |  | Nabauer 模式 | 视准轴校正 |
|  |  | Kukkamaki 模式 | 视准轴校正 |
|  |  | 日本模式 | 视准轴校正 |
|  | 仪器设置 |  | 设置单位、显示信息、自动关机、声音、语言、时间 |
|  | 记录设置 |  | 数据记录、记录附加数据、线路测量单点测量、中间点测量 |
| 3. 测量 | 单点测量 |  | 单点测量 |
|  | 水准线路 |  | 水准线路测量 |
|  | 中间点测量 |  | 基准输入 |
|  | 放样 |  | 放样 |
|  | 断续测量 |  | 断续测量 |
| 4. 计算 | 线路平差 |  | 线路平差 |

3. 键盘和显示器

| 按键 | 描述 | 功能 |
| --- | --- | --- |
|  | 开关键 | 仪器开关机 |
|  | 测量键 | 开始测量 |
|  | 导航键 | 通过菜单导航/上下翻页/改变复选框 |
|  | 回车键 | 确认输入 |
| Esc | 退出键 | 回到上一页 |
| α | Alpha 键 | 按键切换、按键情况在显示器上端显示 |
|  | Trimble 按键 | 显示 Trimble 功能菜单 |
|  | 后退键 | 输入前面的输入内容 |
|  | 逗号/句号 | 第一功能　输入逗号句号<br>第二功能　加减 |
| 0 | 0 或空格 | 第一功能　0<br>第二功能　空格 |
| 1 | 1 或 PQRS | 第一功能　1<br>第二功能　PQRS |
| 2 | 2 或 TUV | 第一功能　2<br>第二功能　TUV |
| 3 | 3 或 WXYZ | 第一功能　3<br>第二功能　WXYZ |
| 4 | 4 或 GHI | 第一功能　4<br>第二功能　GHI |
| 5 | 5 或 JKL | 第一功能　5<br>第二功能　JKL |
| 6 | 6 或 MNO | 第一功能　6<br>第二功能　MNO |
| 7 | 7 |  |
| 8 | 8 或 ABC | 第一功能　8<br>第二功能　ABC |
| 9 | 9 或 DEF | 第一功能　9<br>第二功能　DEF |

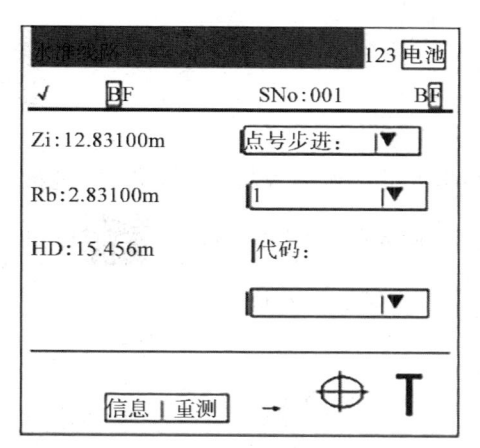

→关于当前程序信息、输入,以及电池情况
→第一行　当前工作信息
→左边一列　文字显示的是最后一次测量结果
→右边一列　显示输入下一测量任务的信息
→最下面一行　显示函数域和信息区域
→右下角图标1　当所有信息输入完毕,将出现此图标,显示仪器准备测量
→右下角图标2　当仪器设置观测相反方向时,此图标作出提醒。

键盘和显示屏功能原则

用方向键进行导航,显示您要选择的项目1
→按 [←] 键确认或者 [1] 键选择项目。

→一些输入区域带有下拉菜单,可以对已有菜单进行选择,用导航键向右可以显示下拉菜单,向左可直接进行对项目选择。

|开始水准线路　　　123 电池|
|---|
|线路？　　新线路　▼|
|线路名：　　1|
|测量模式　　BF　　▼|
|奇偶站交替？　□|
|　　　　　继续|

→使用者可以在此区域输入数字和字母，从键盘进行选择您要输入的数字和字母，用 [α] 键进行切换，屏幕上方显示输入状态。

|开始水准线路　　　123 电池|
|---|
|线路？　　新线路　▼|
|线路名：　　1|
|测量模式　　aBF　▼|
|奇偶站交替？　☑|
|　　　　　继续|

→一些输入区域带有复选框，使用 [键] 进行导航，激活复选框，按左箭头键进行选择或不选择。

|水准线路　　　　123 电池|
|---|
|✓　BF　　SNo:001　　BF|
|Zi:12.83100m　点号步进：▼|
|Rb:2.83100m　　1　　▼|
|HD:15.456m　　代码：|
|　　　　　▼|
|信息│重测　→ ⊕|

（图标的右侧部分说明）
用导航键可以上下左右进行选择。
　　在这部分使用导航键向上或向下通过不同的输入区域，可以进入显示器底部的软键，当此部分被激活，您可以使用导航键向右选择下拉菜单，向左直接逐个进行选择。

　　在显示器的这部分。您可以使用导航键向左或向右选择软键，按 [键] 键激活所选软键。若要返回输入区域，则必须移到输入区域正下方的软键，然后向上选择您要选择的区域。右下角此符号显示下一步将要进行的工作。

4. DINI 组成

补偿器
用途：使用机械补偿器对仪器倾斜进行校正。

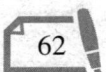

功能：自动补偿器保证仪器的倾斜自动调平，补偿器不仅作用于目视观测而且作用于仪器内部电子测量部分，补偿器不能被解除。

工作范围：补偿器补偿范围在±15′，依据仪器型号补偿精度在±5″或者±2″。如果超过倾斜范围，则在屏幕上端显示不居中的气泡。

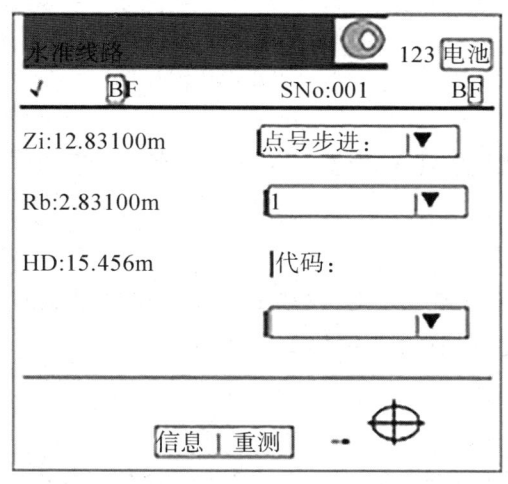

重新整平仪器之后将出现警告信息。

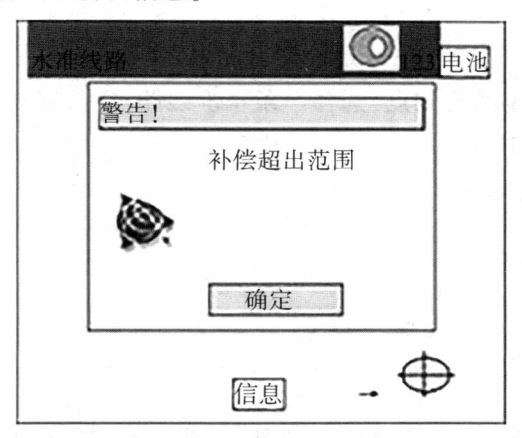

5. 检测

补偿器对仪器视准轴有主要影响，校正菜单有四个选项对DINI进行校正，校正应在固定的时间间隔进行，以达到仪器的测量度。

## 六、实训注意事项

1. 搬动仪器的时候要减少震动。
2. 观测数据时，要使仪器与观测环境温度吻合。
3. 扶尺员在观测之前必须将标尺立直扶稳。严禁双手脱开标尺，以防摔坏精密水准尺。

## 实训 27　二等水准测量

### 一、目的要求

掌握二等精密水准测量的观测和记录，熟悉二等水准测量的作业组织和一般作业规程。

### 二、仪器工具

精密水准仪1套，配套水准尺1对，尺垫1对，记录板1块，测伞1把，50 m皮尺1把，自备计算器1个，铅笔，橡皮，小刀和记录手簿。

### 三、人员分工

每小组6~7人，观测1人，记录1人，扶尺2人，量距2人，集体讨论，轮换操作。

### 四、实训任务

1. 依据指导教师指定的已知点，选择一条水准线路，每人完成不少于一个测站上的观测、记录、打伞、扶尺、量距的作业。
2. 完成线路闭合差计算。

### 五、实训方法及要领

1. 限差及作业规定

（1）限差

测站视线长度（仪器至标尺距离）、前后视距差、视线高度

| 等级 | 仪器类型 | 视线长度 | 前后视距差 | 任一测站上前后视距差累积 | 视线高度（下丝读数） |
|---|---|---|---|---|---|
| 一等 | DSZ05，DS05 | ≤30 | ≤0.5 | ≤1.5 | ≥0.5 |
| 二等 | DS1，DS05 | ≤50 | ≤1.0 | ≤3.0 | ≥0.3 |

注：下丝为近地面的视距丝。

（2）作业规定

① 各项记录正确、整齐、清晰，严禁涂改。原始读数的米、分米值有错时，可以整齐地划去，现场更正，但厘米及其以下读数一律不得更改，如有读错记错，必须重测，严禁涂改。

**测站观测限要求**

| 等级 | 上下丝读数平均值与中丝读数的差 | | 基辅分划读数的差 | 基辅分划所测高差的差 | 检测间歇点高差的差 |
| --- | --- | --- | --- | --- | --- |
| | 0.5 cm 刻划标尺 | 1 cm 刻划标尺 | | | |
| 一等 | 1.5 | 3.0 | 0.3 | 0.4 | 0.7 |
| 二等 | 1.5 | 3.0 | 0.4 | 0.6 | 1.0 |

②每一站上的记录、计算待检查全部合格后才可迁站。

③测完一闭合环计算环线闭合差,其值应小于$±4\sqrt{L}$ mm,$L$ 为环线长度,以公里为单位。

2.观测程序

二等水准测量中采用如下的观测程序:往测奇数站的观测程序为后前前后;往测偶数站的观测程序为前后后前;返测奇数站的观测程序为前后后前;返测偶数站的观测程序为后前前后。

3.在一个测站上的观测步骤(以往测奇数站为例)

(1)首先将仪器整平。

(2)将望远镜对准后视水准尺,在符合水准气泡两端的影像分离量不大于 2 mm 的条件下,分别用上、下丝照准水准标尺的基本分划进行视距读数,并记入记录手簿的(1)和(2)栏,视距第四位由测微器直接读得。

(3)接着检查水准气泡影像是否精密符合,并转动测微螺旋使楔形丝照准基本分划,读取水准标尺基本分划和测微器读数,记入手簿的第(3)栏。测微器读数取至整格,即在测微器中不需要进行估读。

(4)旋转望远镜照准前视水准标尺,并使符合水准气泡两端的影像精确符合,用楔形丝照准水准标尺的基本分划,读取基本分划和测微器读数,记入手簿第(4)栏。然后用上、下丝照准基本分划进行视距读数,记入手簿第(5)和(6)栏。

(5)用水平微动螺旋使望远镜照准前视水准标尺上的辅助分划,使符合水准气泡两端影像精确符合,进行辅助分划和测微器读数,记入手簿第(7)栏。

(6)旋转望远镜照准后视水准标尺上的辅助分划,使符合水准气泡的影像精确符合,进行辅助分划和测微器读数,记入手簿第(8)栏。

4.观测记录手簿见实训报告。

## 六、实训注意事项

1.观测前30分钟,应将仪器置于露天阴影下,使仪器与外界气温趋于一致。

2.在连续各测站上安置水准仪脚架时,应使其中两脚与水准路线的方向平行,而第三脚轮换置于测量方向的左侧和右侧。

3.在观测中,不允许为通过限差规定而凑数,以免成果失去真实性。

4. 除路线转弯外，每一测站上仪器与前后标尺的三个位置应尽量在一条直线上。

5. 记录员除了记录和计算外，还必须检查观测条件是否合乎规定，限差是否满足要求，否则应及时通知观测员重测。记录员必须牢记观测程序，注意不要记录错误。字迹要整齐清晰，不得涂改，更不允许描字和就字改字。在一个测站上应等计算和检查完毕，确认无误后才可搬站。

6. 扶尺员在观测之前必须将标尺立直扶稳。严禁双手脱开标尺，防止摔坏标尺。

7. 观测中，前、后视距应基本相等，满足规定的视线高度要求，并尽量使仪器和前后标尺在一直线上。

## 实训 28　精密水准测量

### 一、目的要求

熟悉高速铁路工程测量中 CPⅢ点精密水准测量基本知识，掌握精密水准测量的基本方法。

### 二、仪器工具

精密水准仪 1 套，配套水准尺 1 对，尺垫 1 对，记录板 1 块，测伞 1 把，铅笔，橡皮，小刀和记录手簿。

### 三、人员分工

每小组 4~5 人，观测 1 人，记录 1 人，打伞 1 人，扶尺 2 人，集体讨论，轮换操作。

### 四、实训任务

完成指导教师指定的线路测段中各 CPⅢ点的精密水准测量工作。

### 五、实训方法及要领

1. 精度要求、技术标准和技术要求

无砟轨道铁路工程测量高程控制网为两级布设，第一级为线路水准基点控制网，采用二等水准测量方法；第二级为轨道控制网（CPⅢ）高程控制测量，采用精密水准测量方法。

（1）精密水准测量精度要求（单位：mm）

| 水准测量等级 | 每千米水准测量偶然中误差 $M_\Delta$ | 每千米水准测量全中误差 $M_W$ | 限差 | | | |
|---|---|---|---|---|---|---|
| | | | 检测已测段高差之差 | 往返测不符值 | 附合路线或环线闭合差 | 左右路线高差不符值 |
| 精密水准测量 | ≤2.0 | ≤4.0 | $12\sqrt{L}$ | $8\sqrt{L}$ | $8\sqrt{L}$ | $4\sqrt{L}$ |

注：表中 L 为往返测段、附合或环线的水准路线长度，单位 km。

（2）精密水准测量的主要技术标准

| 水准测量等级 | 每千米高差全中误差/mm | 路线长度/km | 水准仪等级 | 水准尺类型 | 观测次数 | | 往返较差或闭合差/mm |
| --- | --- | --- | --- | --- | --- | --- | --- |
| | | | | | 与已知点联测 | 附合或环线 | |
| 精密水准测量 | 4 | 2 | DS1 | 因瓦 | 往返 | 往返 | $8\sqrt{L}$ |

（3）精密水准观测主要技术要求

| 等级 | 水准尺类型 | 水准仪等级 | 视距/m | 前后视距差/m | 测段的前后视距累积差/m | 视线高度/m |
| --- | --- | --- | --- | --- | --- | --- |
| 精密水准 | 因瓦 | DS1 | ≤60 | ≤2.0 | ≤4.0 | 下丝读数≥0.3 |
| | | DS05 | ≤65 | | | |

## 2. 主要采用测量方法

（1）单侧贯通往返水准测量法：往测时以轨道一侧的CPⅢ水准点为主线贯通水准测量，另一侧的CPⅢ水准点在进行贯通水准测量摆站时就近观测；返测时以另一侧的CPⅢ水准点为主线贯通水准测量，对侧的水准点在摆站时就近联测。

奇数站采用测量顺序：后前中前中后。即在奇数测站先观测后尺基面读数，转动水准仪进行前尺基面读数，而后就近联测较近CPⅢ水准点完成水准尺基面读数；然后仪器再瞄准前尺进行辅面读数，接着完成较近CPⅢ水准点辅面读数，最后瞄准后尺辅面进行读数，完成测站工作。

偶数站采用测量顺序：前中后后中前。即在偶数测站先观测前尺基面读数，而后就近联测较近CPⅢ水准点完成水准尺基面读数，接着转动水准仪进行后尺基面读数；然后翻转水准尺进行后尺辅面读数，接着完成较近CPⅢ水准点辅面读数，最后瞄准前尺进行辅面读数，完成测站工作。

测量线路（往测）如下图所示：

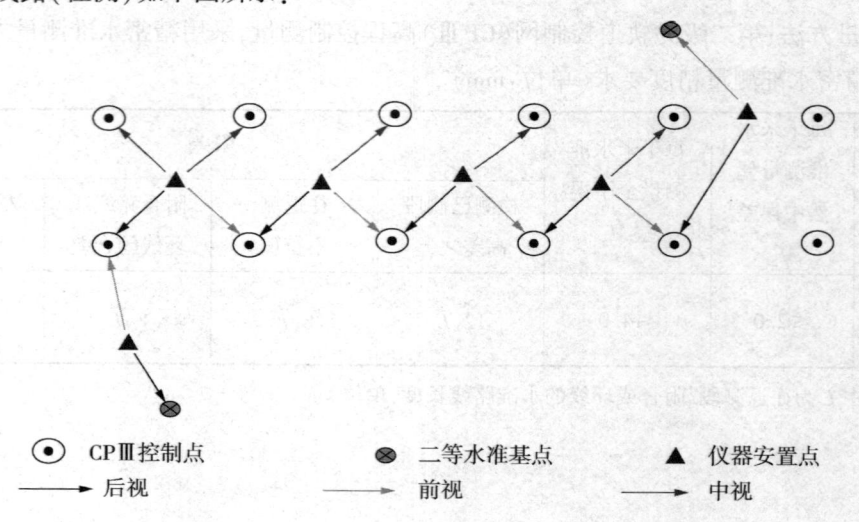

⊙ CPⅢ控制点    ⊗ 二等水准基点    ▲ 仪器安置点
→ 后视           → 前视             → 中视

测量线路(返测)如下图所示：

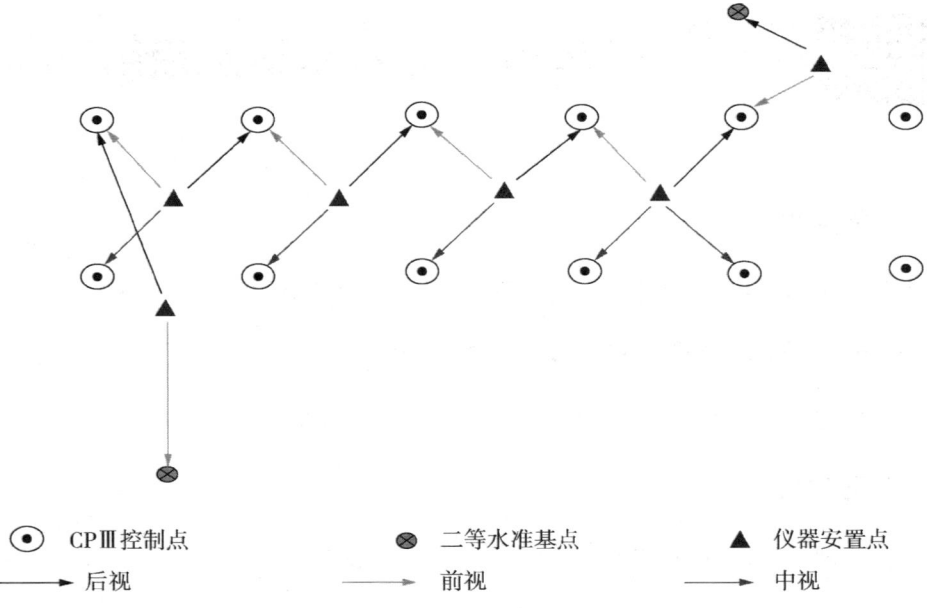

⊙ CPⅢ控制点　　⊗ 二等水准基点　　▲ 仪器安置点
—→ 后视　　　　—→ 前视　　　　—→ 中视

（2）闭合环水准测量法：测站数为偶数，一般为6或8个。由往测转为返测时，两支标尺应互换位置，并应重新整置仪器。如下图所示：

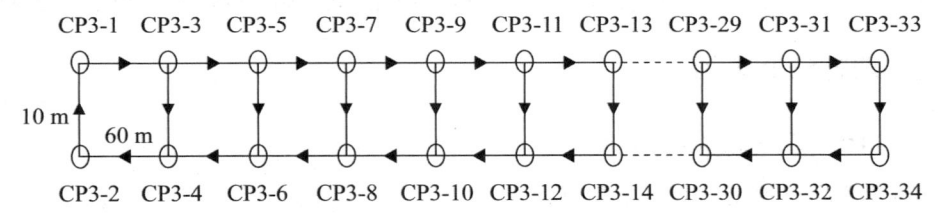

```
     CP3-1  CP3-3  CP3-5  CP3-7  CP3-9  CP3-11 CP3-13 CP3-29 CP3-31 CP3-33
10 m
     60 m
     CP3-2  CP3-4  CP3-6  CP3-8  CP3-10 CP3-12 CP3-14 CP3-30 CP3-32 CP3-34
```

## 六、实训注意事项

1. 在选定中线时，必须保证其两侧有 3～4 m 的间距，CPⅢ点的布设要均匀，且两侧位置要基本对称。

2. 测量每站数据记录时要检核，以免观测结果超限，观测结果超限必须及时重测。

3. 每组实训可自行选用以上方法中之一进行，在确定方法后要注意前后视的记录顺序。

4. 外业测量成果可按电子记录和手簿记录两种方式记录，应优先采用电子记录，有困难时亦可采用手簿记录。

## 实训 29　智能全站仪的认识及使用

### 一、目的要求

认识智能全站仪,掌握智能全站仪的操作使用及多测回观测法测水平角。

### 二、仪器工具(以徕卡 TPS1201+全站仪为例)

徕卡 TPS1201+全站仪一台套(包括主机、脚架、棱镜)及其他配套工具。

### 三、人员分工

全班分为两个大组,教师先演示操作,然后同学轮换操作及观摩。

### 四、实训任务

认识徕卡 TPS1201+全站仪,使用徕卡 TPS1201+全站仪多测回观测法测量水平角。

### 五、实训方法及要领

1. 徕卡 TPS1201+全站仪的认识

(1) TPS1200 系列全站仪系统组件

主要组件:①仪器。用于测量,存储数据。

②RX1200。用于遥控仪器进行镜站操作,功能与仪器面板一样但有触摸屏支持。

③LGO 徕卡综合测量办公室。高度集成的软件包,用于仪器的室内数据准备及数据处理。

(2) 仪器外观及部件

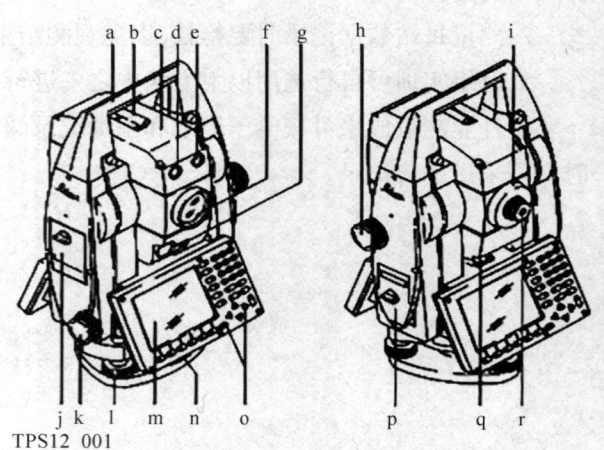

a:提把　b:粗瞄器　c:集成了 EDM、ATR、EGL、PS 的望远镜　d:EGL 的闪烁二极管——黄　e:EGL 的闪烁二极管——红　f:为测角测距设置的同轴光学部件,也用于无棱镜测距仪器的红色激光束输出　g:超级搜索　h:垂直微动螺旋　i:调焦环　j:CF 卡插槽　k:水平微动螺旋　l:基座脚螺旋　m:显示屏　n:基础保险钮　o:键盘　p:电池插槽　q:圆水准器　r:可互换目镜

实训 29 智能全站仪的认识及使用

(3)仪器界面

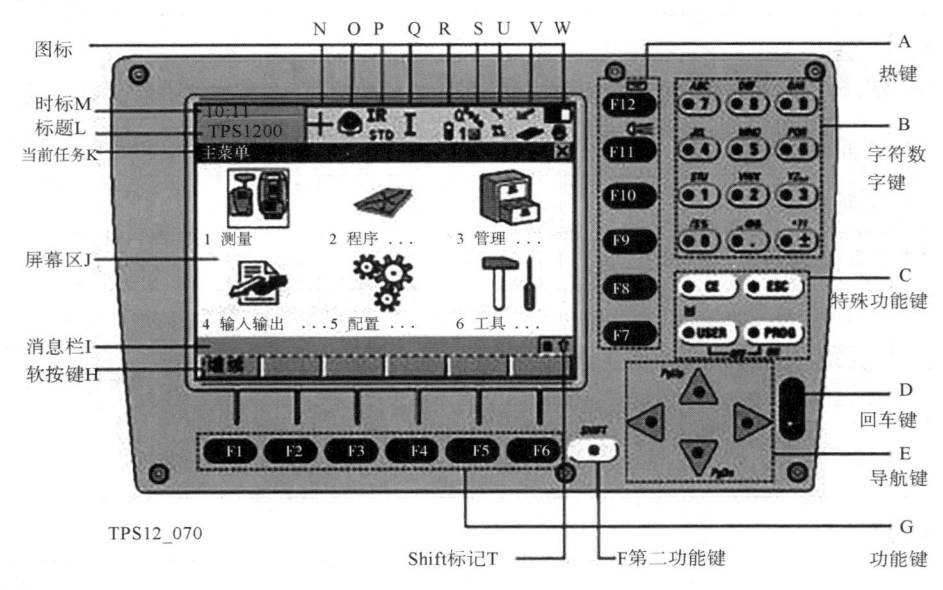

键盘：

| | 键名 | 说明 |
|---|---|---|
| A | 热键 | F7~F12 和 Shift+F7~F10 共 12 个用户自定义热键,可以在配置时赋予这些热键你常用的功能(Shift+F11 已被系统定义为打开照明设置等窗口,Shift+F12 已被系统定义为打开电子气泡和激光对中器窗口) |
| B | 字符数字键 | 输入数字、字符 |
| C | CE | 开始输入时清除栏内容,输入期间删除最后字符 |
| | ESC | 退出目前的菜单或对话框,不作存储操作 |
| | USER | 调用用户自定义的菜单<br>Shift+USER:切换到快速设置 |
| | PROG | 仪器关着时为开机键,打开时为调用程序键 |
| D | ENTER T | *确认光标所在栏并让光标进入下一栏、进入下一对话框或菜单<br>光标在编辑栏时启动编辑模式。如果光标处在可选栏时为打开列表 |
| E | 导航键 | 移动屏幕上的光标,在选择栏中改变选项,在输入栏中启动输入,Shift+向上、下翻页,驱动滚动条 |
| F | 第二功能键 | 第一和第二功能转换,显示更多软按键 |
| G | 功能键 | F1~F6 响应对应位置软按键的功能 |

屏幕：

| 编号 | 说明 |
|---|---|
| H | 软按键:显示区,用对应的功能键 F1~F6 配合使用。在 RCS 遥控器的触摸屏上可直接点击 |
| I | 消息栏:消息显示 10 秒钟 |
| J | 工作区:屏幕的工作区 |
| K | 任务标题:正在屏幕工作区显示的任务标题 |
| L | 标题:主标题,显示的任务发源于哪个板块,要么是主菜单项,要么是程序名或用户菜单 |
| M | 时标:显示当前时间 |
| T | ↑ 为 Shift 键按下的标志<br>a 为输入时字母的小写标志 |

图标说明：

| 编号 | 说明 | 图标 | 含义 | 图标 | 含义 | 图标 | 含义 | 图标 | 含义 |
|---|---|---|---|---|---|---|---|---|---|
| N | ATR、LOCK、PS | | ART 功能激活 | | 锁定功能激活 | | 锁定棱镜跟踪 | | 失锁,棱镜在现场内即重新锁定 |
| | | | ATR 搜索 | | 工作区搜索 | | PS 激活 | | 预测 |
| O | 棱镜类型 | | 徕卡圆棱镜 | | 360°棱镜 | | 徕卡反射片 | | 无棱镜测量 |
| | | | 徕卡微型棱镜 | | 徕卡微型棱镜 Mini | | 徕卡 360°微型棱镜 | | 用启用自备棱镜 |
| P | 测距类型 | | 用棱镜红外测距,有四种模式<br>●STD 标准<br>●FAST 快速<br>●TRK 跟踪<br>●AVG 平均 | | 无棱镜激光测距,有三种模式<br>●STD 标准<br>●TRK 跟踪<br>●AVG 平均 | | 长测程模式<br>●STD 标准<br>●AVG 平均 | | 用时间间隔设置的自动点测量<br><br>用距离间隔设置的自动点测量 |
| Q | 补偿器面Ⅰ、Ⅱ指示 | | 补偿器关 | | 补偿器开,但超出补偿范围 | | 仪器在面Ⅰ位置(盘左) | | 仪器在面Ⅱ位置(盘右) |
| R | RCS 遥控器指示 | | 已打开 RCS 遥控器 | | RCS 开,并且在接收信息 | | | | |

续表

| 编号 | 说明 | 图标 | 含义 | 图标 | 含义 | 图标 | 含义 |
|---|---|---|---|---|---|---|---|
| S | 快速编码 | | 快速编码开,在激活的编码表中应用1位数编码 | | 快速编码开,在激活的编码表中应用2位数编码 | | 快速编码开,在激活的编码表中应用3位数编码 |
| | | | 1位数编码关 | | 2位数编码关 | | 3位数编码关 |
| U | 线、面指示 | | 4表示现有4条线打开。0表示没有面打开 | | | | |
| V | CF卡、内存指示 | | 仪器内有CF卡,并可取出 | | 此时CF卡不可取出,否则可能丢失数据 | | 正在使用内存 |
| | | | 没有显示CF卡图标表示没有插入CF卡 | | | | |
| W | 电池 | | TPS使用内置电池,电池符号还指示剩余电量 | | 有外接电池,并正在使用,电池符号还指示剩余电量 | | TPS和RCS都在使用内置电池 |
| | | | TPS和RCS都在使用外接电池 | | | | |

**2. 使用徕卡TPS1201+全站仪进行多测回观测**

(1)启动程序

有多种方式启动程序,通常用的有以下两种:

①通过主菜单—程序—多测回角(中国版);

②通过设置自定义快捷键进入。

(2)开始面板:启动多测回角程序后,进入"多测回角开始面板"对话框(如图1);

继续:选定当前作业,进入"测量设置"界面;

坐标系:选择或新建坐标系,详细信息参阅TPS1200用户手册;

完成设置后按F1"继续"进行到下一步。

(3)测量设置

通过测量设置,设置测量方法、水平角、垂直角、斜距观测限差设置,各项设置可以通过"换页"进行切换。

①测量方法:选择测量类型为"全自动";观测记录数据为HZ、V、SD;测回数为2次(用

户可自行设置)。

②HZ、V、SD 观测限差设置:设置限差等级;读数互差;一测回 2C 互差;测回均值互差(用户可自行设置)(如图 2)。

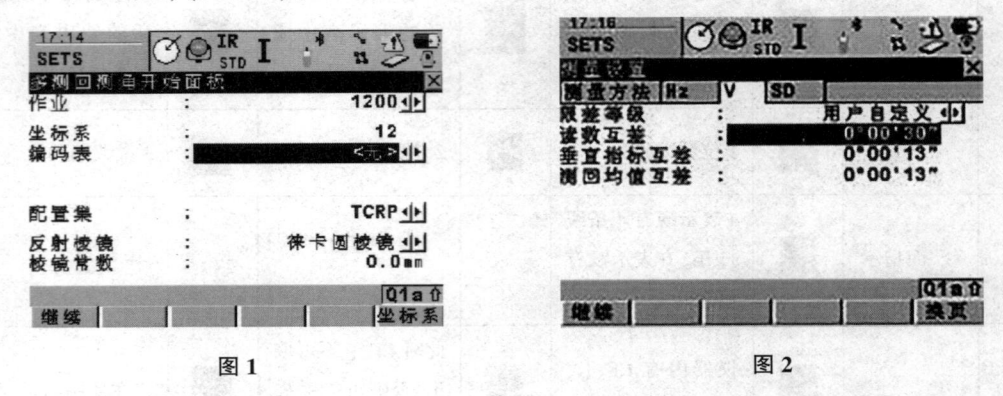

图 1

图 2

(4) 初始测量

在最初的半测回,需要人工照准各个目标点,输入各点点号、棱镜高,依次将各个目标点学习完毕。下一步在多测回角主菜单,选择"3 自动观测"进入自动观测对话框。

(5) 自动观测

进入自动观测界面后,转动棱镜瞄准初始学习的第一个目标点,然后按 F1"开始",仪器即开始对学习过的目标点依次进行自动观测(如图 3)。

(6) 查看数据

查看已完成观测的测量结果信息,包括测站名、周期号、观测起止时间、水平角、垂直角、斜距观测值以及各个方向观测元素的最大误差值(如图 4)。

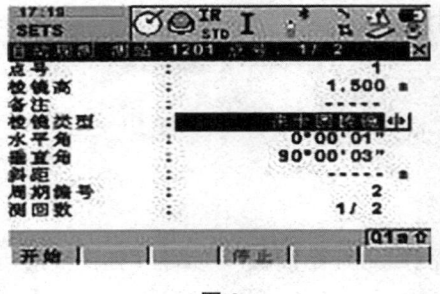

图 3

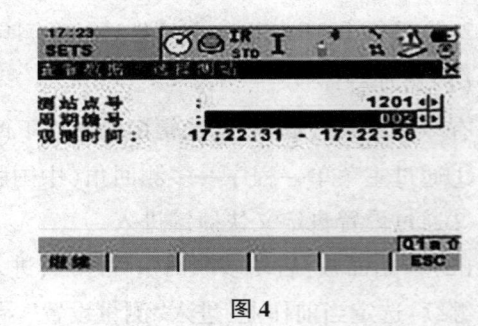

图 4

## 实训 30　CPⅢ测量

### 一、目的要求

掌握 CPⅢ 控制点布设的程序和方法,掌握 CPⅢ 的观测方法,了解内业数据处理程序。

### 二、仪器工具

全站仪 1 套(全站仪具有自动搜索目标、自动照准、自动观测、自动记录功能,精度满足要求),配套专用棱镜和棱镜杆各 15 个(一次用 12 个,3 个备用);水准仪 1 套(水准仪精度不低于 DS1),配套专用水准测量杆 4 根,记录板 1 块及其他配套工具。

### 三、人员分工

每组 6~8 人,司仪 1 人,记录 1 人,安置棱镜 3~5 人,集体讨论,轮流操作。

### 四、实训任务

完成一小段(三个以上测站)CPⅢ 平面控制点的观测和高程测量,并完成实训报告。

### 五、实训方法及要领

#### (一)CPⅢ 平面控制网测量方法

**1. 自由设站**

CPⅢ 网采用自由设站边角交会法进行测量。每个自由测站一般为前后各三对 CPⅢ 点为测量目标,每个 CPⅢ 点至少从三个测站上分别联测;自由设站的间距一般为 120 m,最大不得超过 180 m。CPⅢ 布点、观测如下图所示。

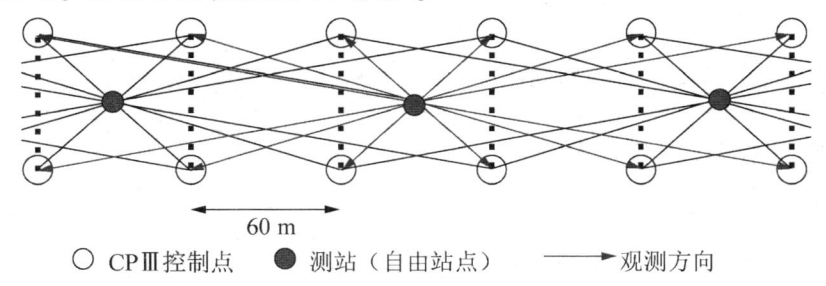

○ CPⅢ控制点　　● 测站（自由站点）　　→ 观测方向

60 m

**2. 观测方法**

CPⅢ 控制网水平方向观测应采用全圆方向观测法,第一测回应为司仪观测,以后测回为仪器自动观测。

3. 联测

CPⅢ平面控制网与CPⅠ、CPⅡ控制点联测,可采用自由设站上观测CPⅠ、CPⅡ控制点的方法;或采用在至镜于CPⅠ、CPⅡ控制点上,观测CPⅢ点的方法。

## (二)CPⅢ高程测量

1. CPⅢ控制点水准测量可按矩形环单程水准网测量或按往返水准网构网观测,CPⅢ水准网与线路水准基点联测时,应按精密水准测量要求进行往返观测。

2. 进行高程测量时,选用4根水准测量杆,测量杆与预埋件配套一致。

3. 将测量杆插入预埋件,使水准杆的突出横截面和预埋件管口严密连接,严禁强力插入水准杆。

4. 将铟钢水准尺放置于水准测量杆的球头上,使水准尺圆气泡居中然后进行观测。

## 六、实训注意事项

1. 一般应选在无风的阴天或夜间进行观测,并准确确定每站测量时的气温与气压。

2. 全站仪和棱镜配套,棱镜测量杆和已安装的预埋件配套一致,棱镜测量杆插入预埋件时,使棱镜测量杆与预埋件管口严密连接。

3. 将棱镜安装在棱镜测量杆上,旋转镜头正对全站仪。

4. 测量完成后,将预埋件塑料盖盖好。

5. 在使用前,仪器要送技术监督部门鉴定,并有合格证书。

6. 在每次观测前,先将仪器从仪器箱中拿出静待30分钟,使之与环境温度相同,然后再自检仪器,确定仪器性能稳定且各项技术指标合格后,再进行观测工作。

# 实训 31　GRTSⅠ/GRTSⅡ无砟轨道板精调

## 一、目的要求

了解 GRTSⅠ/GRTSⅡ板无砟轨道精调系统组成,熟悉精调施测流程,掌握精调施测原理。

## 二、仪器工具

智能型全站仪 1 套,专用笔记本电脑,精调仪、测量标准框架,专用棱镜,专用置仪架、数传电台及其他配套工具。

## 三、人员分工

每小组 20 人左右,由教师带领,在实训基地或现场进行演示实训。

## 四、实训任务

完成一至二块 GRTSⅠ/GRTSⅡ板精调演示实训。

## 五、实训方法及要领

### (一)测量准备工作

1. 在使用前,仪器要送技术监督部门鉴定,并有合格证书。
2. 检查仪器及配套设备的完好性,传输线路数据文件入电脑,连接好仪器设备。
3. 在每次观测前,先将仪器从仪器箱中拿出静待适当时间,使之与环境温度相同,然后再自检仪器,确定仪器性能稳定且各项技术指标合格后,再进行观测工作。

### (二)测量

1. GRTSⅠ精调设站

采用自由设站边角交会法,选择合适地方作为测站,要求全站仪架设在中线附近,能后视前后 6 个 CPⅢ点,然后,将全站仪安置于专用三脚架上,对中、整平好仪器。

2. GRTSⅡ精调设站

用专用三脚架安置全站仪于 GRP 基准点(GRP 点是在底座板施工完成后,根据设计资料,用相适应的测量方法并满足精度要求,在轨道板上预埋基标钉做成的一个测量标志点。

在 GRTS Ⅱ 板精调中,这是重要而关键的一步),瞄准后视 GRP 基准点进行定向。

3. 观测

通过电脑测量软件和数据传输电台控制全站仪,对轨道板上相应的棱镜进行测量,测得相应点的三维坐标。

4. 数据处理与精调

观测的数据通过电脑软件进行处理,计算出待调轨道板的调整值。根据调整值调板人员利用调板机具进行调整。精调工作要进行多次,直到满足设计要求。轨道板精调满足设计要求后,利用 CA 砂浆对轨道板进行灌浆使其与底座板紧密连接。

5. 复测检查

灌浆好的轨道板待 CA 砂浆凝固并达到强度后,要进行复测。复测方法与前测量相同,复测数据要满足相应规范要求。

## 六、实训注意事项

本实训为演示实训,仪器、工具多,且多为精密的光学仪器和贵重的电子仪器,为此要求学生做到:

1. 遵守纪律,服从指导教师的组织安排。
2. 在教师的指导下,按规范要求操作仪器。
3. 爱护仪器,做到轻拿轻放。
4. 本实训测量数据由电脑计算、保存,可输出打印作为实训报告。

## 实训 32　轨道精调

### 一、目的要求

了解轨道精调系统组成,熟悉精调施测流程,掌握精调施测原理。

### 二、仪器工具

轨检小车 1 台,智能型全站仪 1 套,电子轨道尺 1 把及其他配套的仪器工具。

### 三、人员分工

每小组 20 人左右,由教师带领,在实训基地或现场进行演示实训。

### 四、实训任务

完成一段轨道的演示实训。

### 五、实训方法及要领

#### (一)测量准备工作

1. 检查仪器及配套设备的完好性,传输线路数据文件,连接好仪器设备。
2. 设置精调机软件选项:精测前对精调软件进行设置,包括限差选项、测量数据选项、全站仪选项等。
3. 建立测量文件:每个工作任务要求新建一个测量文件。

#### (二)测量

1. 轨道铺设精度

根据《高速铁路设计规范》以及相关施工质量验收标准等规定,无砟轨道和有砟轨道静态铺设精度标准分别如表 1~表 4 所示。

2. 设站

安置好全站仪后,进入全站仪操作程序。

(1)全站仪控制点数据导入

建立好控制点文件,将其复制到 CF 卡上的 DATA 文件夹里,然后再把数据导入新建立的测量文件中。

(2)精调机和全站仪的通信配置

将精调机和全站仪的相关参数配置好,并保存好。

(3)设站置点

采用后方交会、自由设站,瞄准8个CPⅢ点后,点击"计算",测站点坐标精度在1 mm、水平定向误差在1.4 s以内。为了满足要求,剔除误差较大的点。保证满足要求的CPⅢ点有6个,小车所在方向最少保证3个点。

(4)检核

首先,全站仪要测量一个已知点进行比对检核。

其次,精调小车测量一个超高值,然后调转小车再测量一次超高值,若正负相反、绝对值之差在0.2 mm以内,超高校准满足要求。

3. 观测

前面各项工作做好后,将全站仪锁定棱镜并进入采集界面,开始观测工作。工作时注意精调机的方向,施工模式下,面对里程增大的方向,轨检小车双轮在左手边就是"正方向",反之则为"负方向"。

(三)精调

1. 根据精调测量的数据,利用相应的工具,组织人员进行施工。在精调施工时,有时要多次调整直到满足要求。

2. 精调完成后,还应用电子轨距尺及其他设备、工具检查轨道的各项技术指标,检查轨道的铺设精度。

表1 道岔(直向)静态铺设精度标准

| | 高低 | 轨向 | 水平 | 扭曲(基长3 m) | | 轨距 |
|---|---|---|---|---|---|---|
| 幅值/mm | 2 | 2 | 2 | 2 | ±1 | 变化率1/1500 |
| 弦长/mm | 10 | | | | — | |

表2 站线道岔静态铺设精度标准

| | 高低 | 轨向 | | 水平 | 轨距 |
|---|---|---|---|---|---|
| | | 直线 | 支距 | | |
| 道发线/mm | 4 | 4 | 2 | 4 | +3/-2 |
| 其他站线/mm | 6 | 6 | 2 | 6 | +3/-2 |

表3　无砟轨道静态铺设精度标准

| 序号 | 项目 | 容许偏差 | 备注 |
|---|---|---|---|
| 1 | 轨距 | ±1 mm | 相对于标准轨距1435 mm |
| | | 1/1500 | 变化率 |
| 2 | 轨向 | 2 mm | 弦长10 m |
| | | 2 mm/测点间距 $8a$(m) | 基线长 $48a$(m) |
| | | 10 mm/测点间距 $240a$(m) | 基线长 $480a$(m) |
| 3 | 高低 | 2 mm | 弦长10 m |
| | | 2 mm/测点间距 $8a$(m) | 基线长 $48a$(m) |
| | | 10 mm/测点间距 $240a$(m) | 基线长 $480a$(m) |
| 4 | 水平 | 2 mm | 不包含曲线、缓和曲线上的超高值 |
| 5 | 扭曲 | 2 mm | 包含缓和曲线上的超高顺坡所造成的扭曲量 |
| 6 | 与设计高程偏差 | 10 mm | 站台处的轨面高程不应低于设计值 |
| 7 | 与设计中线偏差 | 10 mm | |

注：表中 $a$ 为扣件结点间距，单位为m。

表4　有砟轨道静态铺设精度标准

| 序号 | 项目 | 容许偏差 | 备注 |
|---|---|---|---|
| 1 | 轨距 | ±1 mm | 相对于标准轨距1435 mm |
| | | 1/1500 | 变化率 |
| 2 | 轨向 | 2 mm | 弦长10 m |
| | | 2 mm/5 m | 基线长30 m |
| | | 10 mm/150 m | 基线长300 m |
| 3 | 高低 | 2 mm | 弦长10 m |
| | | 2 mm/5 m | 基线长30 m |
| | | 10 mm/150 m | 基线长300 m |
| 4 | 水平 | 2 mm | 不包含曲线、缓和曲线上的超高值 |
| 5 | 扭曲 | 2 mm | 基长3 m 包含缓和曲线上的超高顺坡所造成的扭曲量 |
| 6 | 与设计高程偏差 | 10 mm | 站台处的轨面高程不应低于设计值 |
| 7 | 与设计中线偏差 | 10 mm | |

## 六、实训注意事项

本实训为演示实训,仪器、工具多,且多为精密的光学仪器和贵重的电子仪器,为此要求学生做到:

1. 遵守纪律,服从指导教师的组织安排。
2. 在教师的指导下,按规范要求操作仪器。
3. 爱护仪器,做到轻拿轻放。
4. 本实训测量数据由电脑软件计算、保存,可输出打印作为实训报告。

## 实训报告 1　　自动安平水准仪的认识

### 一、练习读数

_____年_____月_____日　　天气_____　　观测_____　　记录_____　　复核_____

| 测点 | 水准尺读数（第 1 次） | 水准尺读数（第 2 次） |
|---|---|---|
|  |  |  |
|  |  |  |
|  |  |  |
|  |  |  |
|  |  |  |
|  |  |  |
|  |  |  |
|  |  |  |

### 二、简单水准测量

_____年_____月_____日　　天气_____　　观测_____　　记录_____　　复核_____

| 测点 | 后视读数 $a$ | 前视读数 $b$ | 高差 $h$ | |
|---|---|---|---|---|
|  |  |  | + | − |
|  |  |  |  |  |
|  |  |  |  |  |
|  |  |  |  |  |
|  |  |  |  |  |
|  |  |  |  |  |
|  |  |  |  |  |
|  |  |  |  |  |
|  |  |  |  |  |
|  |  |  |  |  |

## 实训报告 2　　　　　线路水准测量

**一、普通水准测量记录表格**

　　　　年　　　月　　　日　天气　　　　观测　　　　　记录　　　　　复核　　　　

| 测点 | 后视读数 a | 前视读数 b | 高差 h | | 高程 H | 备注 |
|---|---|---|---|---|---|---|
| | | | + | − | | |
| | | | | | | |
| | | | | | | |
| | | | | | | |
| | | | | | | |
| | | | | | | |
| | | | | | | |
| | | | | | | |
| | | | | | | |
| | | | | | | |
| | | | | | | |
| | | | | | | |
| | | | | | | |
| | | | | | | |
| | | | | | | |
| | | | | | | |

____年____月____日　天气____　观测____　记录____　复核____

| 测点 | 后视读数 a | 前视读数 b | 高差 h | | 高程 H | 备注 |
|---|---|---|---|---|---|---|
| | | | + | − | | |
| | | | | | | |
| | | | | | | |
| | | | | | | |
| | | | | | | |
| | | | | | | |
| | | | | | | |
| | | | | | | |
| | | | | | | |
| | | | | | | |
| | | | | | | |
| | | | | | | |
| | | | | | | |
| | | | | | | |
| | | | | | | |
| | | | | | | |

____年____月____日 天气____　　观测____　　记录____　　复核____

| 测点 | 后视读数 a | 前视读数 b | 高差 h | | 高程 H | 备注 |
|---|---|---|---|---|---|---|
| | | | + | − | | |
| | | | | | | |
| | | | | | | |
| | | | | | | |
| | | | | | | |
| | | | | | | |
| | | | | | | |
| | | | | | | |
| | | | | | | |
| | | | | | | |
| | | | | | | |
| | | | | | | |
| | | | | | | |
| | | | | | | |

## 二、水准测量高差闭合差调整表

_____年_____月_____日　天气_____　观测_____　记录_____　复核_____

| 点号 | 距离/km 或(测站) | 实测高差 /m | 改正数 /mm | 调整后高差 /m | 高程 /m | 备注 |
|---|---|---|---|---|---|---|
|  |  |  |  |  |  |  |
|  |  |  |  |  |  |  |
|  |  |  |  |  |  |  |
|  |  |  |  |  |  |  |
|  |  |  |  |  |  |  |
|  |  |  |  |  |  |  |
|  |  |  |  |  |  |  |
|  |  |  |  |  |  |  |
|  |  |  |  |  |  |  |
|  |  |  |  |  |  |  |
|  |  |  |  |  |  |  |
|  |  |  |  |  |  |  |
| Σ |  |  |  |  |  |  |
| 辅助计算 |  |  |  |  |  |  |

_____年_____月_____日　天气_____　观测_____　记录_____　复核_____

| 点号 | 距离/km 或(测站) | 实测高差 /m | 改正数 /mm | 调整后高差 /m | 高程 /m | 备注 |
|---|---|---|---|---|---|---|
|  |  |  |  |  |  |  |
|  |  |  |  |  |  |  |
|  |  |  |  |  |  |  |
|  |  |  |  |  |  |  |
|  |  |  |  |  |  |  |
|  |  |  |  |  |  |  |
|  |  |  |  |  |  |  |
|  |  |  |  |  |  |  |
|  |  |  |  |  |  |  |
|  |  |  |  |  |  |  |
|  |  |  |  |  |  |  |
|  |  |  |  |  |  |  |
| Σ |  |  |  |  |  |  |
| 辅助计算 |  |  |  |  |  |  |

## 实训报告 3　　三（四）等水准测量

### 一、三（四）等水准测量

____年____月____日　天气____　观测____　记录____　复核____

| 测站编号 | 点号 | 后尺 上丝 / 下丝 / 后视距 / 视距差 $d$ | 前尺 上丝 / 下丝 / 前视距 / $\Sigma d$ | 方向及尺号 | 中丝读数 黑面 | 中丝读数 红面 | 黑－红 +$K$ | 平均高差 |
|---|---|---|---|---|---|---|---|---|
| | | （1） | （4） | 后 | （3） | （8） | （13） | |
| | | （2） | （5） | 前 | （6） | （7） | （14） | （18） |
| | | （9） | （10） | 后－前 | （15） | （16） | （17） | |
| | | （11） | （12） | | | | | |
| | | | | 后 | | | | |
| | | | | 前 | | | | |
| | | | | 后－前 | | | | |
| | | | | | | | | |
| | | | | 后 | | | | |
| | | | | 前 | | | | |
| | | | | 后－前 | | | | |
| | | | | | | | | |
| | | | | 后 | | | | |
| | | | | 前 | | | | |
| | | | | 后－前 | | | | |
| | | | | | | | | |

_____年_____月_____日  天气_____  观测_____  记录_____  复核_____

| 测站编号 | 点号 | 后尺 上丝 | | 前尺 上丝 | | 方向尺号 | 中丝读数 | | 黑—红 +K | 平均高差 |
|---|---|---|---|---|---|---|---|---|---|---|
| | | | 下丝 | | 下丝 | | | | | |
| | | 后视距 | | 前视距 | | | 黑面 | 红面 | | |
| | | 视距差 d | | Σd | | | | | | |
| | | | | | | 后 | | | | |
| | | | | | | 前 | | | | |
| | | | | | | 后—前 | | | | |
| | | | | | | | | | | |
| | | | | | | 后 | | | | |
| | | | | | | 前 | | | | |
| | | | | | | 后—前 | | | | |
| | | | | | | | | | | |
| | | | | | | 后 | | | | |
| | | | | | | 前 | | | | |
| | | | | | | 后—前 | | | | |
| | | | | | | | | | | |
| | | | | | | 后 | | | | |
| | | | | | | 前 | | | | |
| | | | | | | 后—前 | | | | |
| | | | | | | | | | | |

____年____月____日 天气____ 观测____ 记录____ 复核____

| 测站编号 | 点号 | 后尺 上丝 下丝 | 前尺 上丝 下丝 | 方向尺号 | 中丝读数 | | 黑—红 +K | 平均高差 |
|---|---|---|---|---|---|---|---|---|
| | | 后视距 | 前视距 | | 黑面 | 红面 | | |
| | | 视距差 d | Σd | | | | | |
| | | | | 后 | | | | |
| | | | | 前 | | | | |
| | | | | 后—前 | | | | |
| | | | | | | | | |
| | | | | 后 | | | | |
| | | | | 前 | | | | |
| | | | | 后—前 | | | | |
| | | | | | | | | |
| | | | | 后 | | | | |
| | | | | 前 | | | | |
| | | | | 后—前 | | | | |
| | | | | | | | | |
| | | | | 后 | | | | |
| | | | | 前 | | | | |
| | | | | 后—前 | | | | |
| | | | | | | | | |

_____年_____月_____日 天气_____ 观测_____ 记录_____ 复核_____

| 测站编号 | 点号 | 后尺 上丝 下丝 后视距 视距差 d | 前尺 上丝 下丝 前视距 Σd | 方向尺号 | 中丝读数 黑面 | 中丝读数 红面 | 黑—红 +K | 平均高差 |
|---|---|---|---|---|---|---|---|---|
| | | | | 后 | | | | |
| | | | | 前 | | | | |
| | | | | 后—前 | | | | |
| | | | | | | | | |
| | | | | 后 | | | | |
| | | | | 前 | | | | |
| | | | | 后—前 | | | | |
| | | | | | | | | |
| | | | | 后 | | | | |
| | | | | 前 | | | | |
| | | | | 后—前 | | | | |
| | | | | | | | | |
| | | | | 后 | | | | |
| | | | | 前 | | | | |
| | | | | 后—前 | | | | |
| | | | | | | | | |

实训报告3 三(四)等水准测量

_____年_____月_____日 天气_____ 观测_____ 记录_____ 复核_____

| 测站编号 | 点号 | 后尺 上丝 下丝 | | 前尺 上丝 下丝 | | 方向尺号 | 中丝读数 | | 黑—红 +K | 平均高差 |
|---|---|---|---|---|---|---|---|---|---|---|
| | | 后视距 | | 前视距 | | | 黑面 | 红面 | | |
| | | 视距差 d | | Σd | | | | | | |
| | | | | | | 后 | | | | |
| | | | | | | 前 | | | | |
| | | | | | | 后—前 | | | | |
| | | | | | | | | | | |
| | | | | | | 后 | | | | |
| | | | | | | 前 | | | | |
| | | | | | | 后—前 | | | | |
| | | | | | | | | | | |
| | | | | | | 后 | | | | |
| | | | | | | 前 | | | | |
| | | | | | | 后—前 | | | | |
| | | | | | | | | | | |
| | | | | | | 后 | | | | |
| | | | | | | 前 | | | | |
| | | | | | | 后—前 | | | | |
| | | | | | | | | | | |

93

____年____月____日 天气____ 观测____ 记录____ 复核____

| 测站编号 | 点号 | 后尺 上丝 下丝 后视距 视距差 d | 前尺 上丝 下丝 前视距 Σd | 方向尺号 | 中丝读数 黑面 | 中丝读数 红面 | 黑—红 +K | 平均高差 |
|---|---|---|---|---|---|---|---|---|
| | | | | 后 | | | | |
| | | | | 前 | | | | |
| | | | | 后—前 | | | | |
| | | | | | | | | |
| | | | | 后 | | | | |
| | | | | 前 | | | | |
| | | | | 后—前 | | | | |
| | | | | | | | | |
| | | | | 后 | | | | |
| | | | | 前 | | | | |
| | | | | 后—前 | | | | |
| | | | | | | | | |
| | | | | 后 | | | | |
| | | | | 前 | | | | |
| | | | | 后—前 | | | | |
| | | | | | | | | |

_____年_____月_____日 天气_____ 观测_____ 记录_____ 复核_____

| 测站编号 | 点号 | 后尺 上丝 下丝 后视距 视距差 d | 前尺 上丝 下丝 前视距 Σd | 方向尺号 | 中丝读数 | | 黑—红 +K | 平均高差 |
|---|---|---|---|---|---|---|---|---|
| | | | | | 黑面 | 红面 | | |
| | | | | 后 | | | | |
| | | | | 前 | | | | |
| | | | | 后—前 | | | | |
| | | | | | | | | |
| | | | | 后 | | | | |
| | | | | 前 | | | | |
| | | | | 后—前 | | | | |
| | | | | | | | | |
| | | | | 后 | | | | |
| | | | | 前 | | | | |
| | | | | 后—前 | | | | |
| | | | | | | | | |
| | | | | 后 | | | | |
| | | | | 前 | | | | |
| | | | | 后—前 | | | | |
| | | | | | | | | |

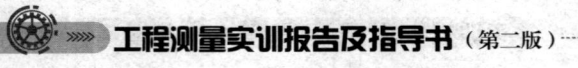

## 二、水准测量高差闭合差调整表

_____年_____月_____日  天气_____  观测_____  记录_____  复核_____

| 点号 | 距离/km 或(测站) | 实测高差 /m | 改正数 /mm | 调整后高差 /m | 高程 /m | 备注 |
|---|---|---|---|---|---|---|
|  |  |  |  |  |  |  |
|  |  |  |  |  |  |  |
|  |  |  |  |  |  |  |
|  |  |  |  |  |  |  |
|  |  |  |  |  |  |  |
|  |  |  |  |  |  |  |
|  |  |  |  |  |  |  |
|  |  |  |  |  |  |  |
|  |  |  |  |  |  |  |
|  |  |  |  |  |  |  |
|  |  |  |  |  |  |  |
|  |  |  |  |  |  |  |
| Σ |  |  |  |  |  |  |
| 辅助计算 |  |  |  |  |  |  |

____年____月____日 天气____ 观测____ 记录____ 复核_____

| 点号 | 距离/km)或(测站) | 实测高差/m | 改正数/mm | 调整后高差/m | 高程/m | 备注 |
|---|---|---|---|---|---|---|
|  |  |  |  |  |  |  |
|  |  |  |  |  |  |  |
|  |  |  |  |  |  |  |
|  |  |  |  |  |  |  |
|  |  |  |  |  |  |  |
|  |  |  |  |  |  |  |
|  |  |  |  |  |  |  |
|  |  |  |  |  |  |  |
|  |  |  |  |  |  |  |
|  |  |  |  |  |  |  |
|  |  |  |  |  |  |  |
|  |  |  |  |  |  |  |
| Σ |  |  |  |  |  |  |
| 辅助计算 | | | | | | |

## 实训报告 4　　全站仪的认识

### 一、水平度盘及竖直度盘读数练习

　　____年____月____日　　天气____　　观测____　　记录____　　复核____

| 测站 | 盘位 | 目标 | 水平度盘读数 | 竖直度盘读数 |
|---|---|---|---|---|
|  |  |  |  |  |
|  |  |  |  |  |
|  |  |  |  |  |
|  |  |  |  |  |
|  |  |  |  |  |
|  |  |  |  |  |
|  |  |  |  |  |

### 二、距离与高差测量练习

　　____年____月____日　　天气____　　观测____　　记录____　　复核____

| 测站 | 盘位 | 目标 | 水平距离 | 倾斜距离 | 高差 |
|---|---|---|---|---|---|
|  |  |  |  |  |  |
|  |  |  |  |  |  |
|  |  |  |  |  |  |
|  |  |  |  |  |  |
|  |  |  |  |  |  |
|  |  |  |  |  |  |

## 实训报告5　全测回法测水平角

___年___月___日　天气___　观测___　记录___　复核___

| 测站 | 盘位 | 目标 | 水平度盘读数<br>° ′ ″ | 水平角 | | 备注 |
|---|---|---|---|---|---|---|
| | | | | 半测回角值 | 一测回角值 | |
| | | | | | | |
| | | | | | | |
| | | | | | | |
| | | | | | | |
| | | | | | | |
| | | | | | | |
| | | | | | | |
| | | | | | | |
| | | | | | | |
| | | | | | | |
| | | | | | | |
| | | | | | | |
| | | | | | | |
| | | | | | | |
| | | | | | | |
| | | | | | | |
| | | | | | | |
| | | | | | | |
| | | | | | | |

_____年_____月_____日　天气_____　观测_____　记录_____　复核_____

| 测站 | 盘位 | 目标 | 水平度盘读数 ° ′ ″ | 水平角 | | 备注 |
|---|---|---|---|---|---|---|
| | | | | 半测回角值 | 一测回角值 | |
| | | | | | | |
| | | | | | | |
| | | | | | | |
| | | | | | | |
| | | | | | | |
| | | | | | | |
| | | | | | | |
| | | | | | | |
| | | | | | | |
| | | | | | | |
| | | | | | | |
| | | | | | | |
| | | | | | | |
| | | | | | | |
| | | | | | | |
| | | | | | | |
| | | | | | | |
| | | | | | | |
| | | | | | | |

## 实训报告5 全测回法测水平角

_____年_____月_____日 天气_____ 观测_____ 记录_____ 复核_____

| 测站 | 盘位 | 目标 | 水平度盘读数<br>° ′ ″ | 水平角 | | 备注 |
|---|---|---|---|---|---|---|
| | | | | 半测回角值 | 一测回角值 | |
| | | | | | | |
| | | | | | | |
| | | | | | | |
| | | | | | | |
| | | | | | | |
| | | | | | | |
| | | | | | | |
| | | | | | | |
| | | | | | | |
| | | | | | | |
| | | | | | | |
| | | | | | | |
| | | | | | | |
| | | | | | | |
| | | | | | | |
| | | | | | | |
| | | | | | | |
| | | | | | | |
| | | | | | | |

_____年_____月_____日　天气_____　观测_____　记录_____　复核_____

| 测站 | 盘位 | 目标 | 水平度盘读数 ° ′ ″ | 水平角 | | 备注 |
|---|---|---|---|---|---|---|
| | | | | 半测回角值 | 一测回角值 | |
| | | | | | | |
| | | | | | | |
| | | | | | | |
| | | | | | | |
| | | | | | | |
| | | | | | | |
| | | | | | | |
| | | | | | | |
| | | | | | | |
| | | | | | | |
| | | | | | | |
| | | | | | | |
| | | | | | | |
| | | | | | | |
| | | | | | | |
| | | | | | | |
| | | | | | | |
| 测站 | 盘位 | 目标 | 水平度盘读数 ° ′ ″ | 半测回角值 | 一测回角值 | 备注 |
| | | | | | | |
| | | | | | | |
| | | | | | | |
| | | | | | | |

## 实训报告 6　方向观测法观测水平角

_____年_____月_____日　天气_____　观测_____　记录_____　复核_____

| 测站点 | 测回数 | 目标点 | 水平度盘读数 | | 2C " | 平均读数 ° ′ ″ | 归零方向值 ° ′ ″ | 各测回平均归零方向值 ° ′ ″ | 水平角值 ° ′ ″ |
|---|---|---|---|---|---|---|---|---|---|
| | | | 盘左 ° ′ ″ | 盘左 ° ′ ″ | | | | | |
| 1 | 2 | 3 | 4 | 5 | 6 | 7 | 8 | 9 | 10 |
| | | | | | | | | | |
| | | | | | | | | | |
| | | | | | | | | | |
| | | | | | | | | | |
| | | | | | | | | | |
| | | | | | | | | | |
| | | | | | | | | | |
| | | | | | | | | | |
| | | | | | | | | | |
| | | | | | | | | | |
| | | | | | | | | | |
| | | | | | | | | | |
| | | | | | | | | | |
| | | | | | | | | | |
| | | | | | | | | | |
| | | | | | | | | | |
| | | | | | | | | | |
| | | | | | | | | | |

_____年_____月_____日　天气_____　观测_____　记录_____　复核_____

| 测站点 | 测回数 | 目标点 | 水平度盘读数 | | 2C " | 平均读数 °′″ | 归零方向值 °′″ | 各测回平均归零方向值 °′″ | 水平角值 °′″ |
|---|---|---|---|---|---|---|---|---|---|
| | | | 盘左 °′″ | 盘左 °′″ | | | | | |
| 1 | 2 | 3 | 4 | 5 | 6 | 7 | 8 | 9 | 10 |
| | | | | | | | | | |
| | | | | | | | | | |
| | | | | | | | | | |
| | | | | | | | | | |
| | | | | | | | | | |
| | | | | | | | | | |
| | | | | | | | | | |
| | | | | | | | | | |
| | | | | | | | | | |
| | | | | | | | | | |
| | | | | | | | | | |
| | | | | | | | | | |
| | | | | | | | | | |
| | | | | | | | | | |
| | | | | | | | | | |
| | | | | | | | | | |

# 实训报告7　全站仪导线测量

## 一、闭合导线控制测量外业记录表

_____年_____月_____日　天气_____　观测_____　记录_____　复核_____

| 测站 | 盘位 | 目标 | 水平度盘读数 | 半测回角值 | 一测回角值 | 水平距离 | 每条边平均距离 | 备注 |
|------|------|------|--------------|------------|------------|----------|----------------|------|
|      |      |      |              |            |            |          |                |      |
|      |      |      |              |            |            |          |                |      |
|      |      |      |              |            |            |          |                |      |
|      |      |      |              |            |            |          |                |      |
|      |      |      |              |            |            |          |                |      |
|      |      |      |              |            |            |          |                |      |
|      |      |      |              |            |            |          |                |      |
|      |      |      |              |            |            |          |                |      |
|      |      |      |              |            |            |          |                |      |
|      |      |      |              |            |            |          |                |      |
|      |      |      |              |            |            |          |                |      |
|      |      |      |              |            |            |          |                |      |
|      |      |      |              |            |            |          |                |      |
|      |      |      |              |            |            |          |                |      |
|      |      |      |              |            |            |          |                |      |
|      |      |      |              |            |            |          |                |      |

_____年_____月_____日　天气_____　　观测_____　　记录_____　　复核_____

| 测站 | 盘位 | 目标 | 水平度盘读数 | 半测回角值 | 一测回角值 | 水平距离 | 每条边平均距离 | 备注 |
|---|---|---|---|---|---|---|---|---|
| | | | | | | | | |
| | | | | | | | | |
| | | | | | | | | |
| | | | | | | | | |
| | | | | | | | | |
| | | | | | | | | |
| | | | | | | | | |
| | | | | | | | | |
| | | | | | | | | |
| | | | | | | | | |
| | | | | | | | | |
| | | | | | | | | |

____年____月____日  天气____  观测____  记录____  复核____

| 测站 | 盘位 | 目标 | 水平度盘读数 | 半测回角值 | 一测回角值 | 水平距离 | 每条边平均距离 | 备注 |
|---|---|---|---|---|---|---|---|---|
|  |  |  |  |  |  |  |  |  |
|  |  |  |  |  |  |  |  |  |
|  |  |  |  |  |  |  |  |  |
|  |  |  |  |  |  |  |  |  |
|  |  |  |  |  |  |  |  |  |
|  |  |  |  |  |  |  |  |  |
|  |  |  |  |  |  |  |  |  |
|  |  |  |  |  |  |  |  |  |
|  |  |  |  |  |  |  |  |  |
|  |  |  |  |  |  |  |  |  |
|  |  |  |  |  |  |  |  |  |
|  |  |  |  |  |  |  |  |  |
|  |  |  |  |  |  |  |  |  |
|  |  |  |  |  |  |  |  |  |
|  |  |  |  |  |  |  |  |  |
|  |  |  |  |  |  |  |  |  |

## 二、导线坐标计算表

_____年_____月_____日　　天气_____　　观测_____　　记录_____　　复核_____

| 点号 | 观测（左）右角 | 改正后（左）右角 | 坐标方位角 | 边长/m | 计算坐标增量 | | 改正后坐标增量 | | 坐标 | |
|---|---|---|---|---|---|---|---|---|---|---|
| | | | | | $\Delta x$ | $\Delta y$ | $\Delta x$ | $\Delta y$ | $x$ | $y$ |
| | | | | | | | | | | |
| | | | | | | | | | | |
| | | | | | | | | | | |
| | | | | | | | | | | |
| | | | | | | | | | | |
| | | | | | | | | | | |
| | | | | | | | | | | |
| | | | | | | | | | | |
| | | | | | | | | | | |
| | | | | | | | | | | |
| | | | | | | | | | | |
| 辅助计算 | | | | | | | | | | |

## 实训报告 8　　线路中线测设

### 一、已知点的坐标

_____年_____月_____日　天气_____　观测_____　记录_____　复核_____

| 点号 | $X$/m | $Y$/m |
|---|---|---|
|  |  |  |
|  |  |  |
|  |  |  |

### 二、放样点的坐标

_____年_____月_____日　天气_____　观测_____　记录_____　复核_____

| 测设点桩号 | $X$/m | $Y$/m |
|---|---|---|
|  |  |  |
|  |  |  |
|  |  |  |
|  |  |  |
|  |  |  |

### 三、放样点的测设精度检查

_____年_____月_____日　天气_____　观测_____　记录_____　复核_____

| 测设点桩号 | 放样点计算坐标 | | 放样点实测坐标 | | 坐标差/mm | |
|---|---|---|---|---|---|---|
|  | $X$/m | $Y$/m | $X$/m | $Y$/m | $\Delta X$ | $\Delta Y$ |
|  |  |  |  |  |  |  |
|  |  |  |  |  |  |  |
|  |  |  |  |  |  |  |
|  |  |  |  |  |  |  |
|  |  |  |  |  |  |  |

## 实训报告 9　　圆曲线主点及详细测设

### 一、圆曲线已知资料及主点要素计算

　　____年____月____日　天气____　观测____　记录____　复核____

已知资料：$R =$ _____ m，$\alpha =$ _____，交点 JD 里程为 _____，已知点（教师给定）统一坐标为：

| 点名 | 里程 | $X$ | $Y$ | 备注 |
|---|---|---|---|---|
|  |  |  |  |  |
|  |  |  |  |  |
|  |  |  |  |  |

（1）切线长 $T = R\tan\dfrac{\alpha}{2} =$ _____ m，曲线长 $L = R\times\alpha\times\dfrac{\pi}{180} =$ _____ m，外距 $E = R\times\left(\sec\dfrac{\alpha}{2}-1\right) =$ _____ m，切曲差 $q = 2T-L =$ _____ m。

（2）各主点里程计算

（3）主点测设示意图

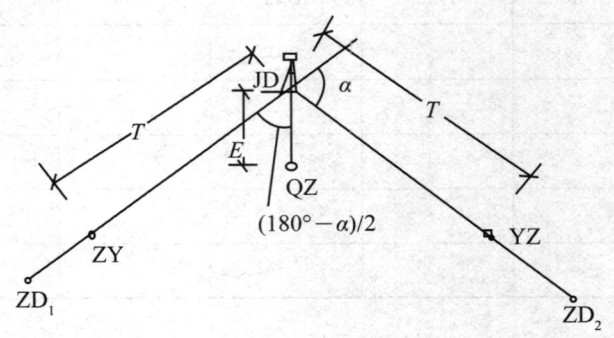

## 二、圆曲线详细测设资料

_____年_____月_____日  天气_____  观测_____  记录_____  复核_____

1. 切线支距法测设资料计算

| 中桩点里程 | 桩点至曲线起点(终点)的弧长 $l$/m | 横坐标 $x$/m | 纵坐标 $y$/m |
|---|---|---|---|
|  |  |  |  |
|  |  |  |  |
|  |  |  |  |
|  |  |  |  |
|  |  |  |  |
|  |  |  |  |
|  |  |  |  |
|  |  |  |  |
|  |  |  |  |
|  |  |  |  |
|  |  |  |  |
|  |  |  |  |
|  |  |  |  |
|  |  |  |  |
|  |  |  |  |
|  |  |  |  |
|  |  |  |  |
|  |  |  |  |
|  |  |  |  |

2. 统一坐标法测设资料计算

| 中桩点里程 | 切线支距法坐标 | | 弦切角 | 弦长 | 统一坐标 | |
|---|---|---|---|---|---|---|
| | $x$ | $y$ | $\theta$ | $L$ | $X_{中}$ | $Y_{中}$ |
| | | | | | | |
| | | | | | | |
| | | | | | | |
| | | | | | | |
| | | | | | | |
| | | | | | | |
| | | | | | | |
| | | | | | | |
| | | | | | | |
| | | | | | | |
| | | | | | | |
| | | | | | | |
| | | | | | | |
| | | | | | | |
| | | | | | | |

$$\theta = \tan^{-1}(y/x) \qquad L = \sqrt{x^2 + y^2}$$

曲线右偏：$X_{中} = X_{ZY} + L\cos(A_1 + \theta) \qquad Y_{中} = Y_{ZY} + L\sin(A_1 + \theta)$

曲线左偏：$X_{中} = X_{ZY} + L\cos(A_1 - \theta) \qquad Y_{中} = Y_{ZY} + L\sin(A_1 - \theta)$

_____年_____月_____日  天气_____  观测_____  记录_____  复核_____

| 中桩点里程 | 切线支距法坐标 | | 弦切角 | 弦长 | 统一坐标 | |
|---|---|---|---|---|---|---|
| | $x$ | $y$ | $\theta$ | $L$ | $X_中$ | $Y_中$ |
| | | | | | | |
| | | | | | | |
| | | | | | | |
| | | | | | | |
| | | | | | | |
| | | | | | | |
| | | | | | | |
| | | | | | | |
| | | | | | | |
| | | | | | | |
| | | | | | | |
| | | | | | | |
| | | | | | | |
| | | | | | | |
| | | | | | | |
| | | | | | | |
| | | | | | | |
| | | | | | | |
| | | | | | | |
| | | | | | | |
| | | | | | | |

## 实训报告 10　带缓和曲线的曲线(综合曲线)测设

**一、带缓和曲线的曲线(综合曲线)已知资料及主点要素计算**

____年____月____日　天气____　观测____　记录____　复核____

已知：半径 $R =$ _____ m，转向角 $\alpha =$ _____，缓和曲线长 $l_0 =$ _____ m，交点 JD 里程为_____，已知点(教师给定)统一坐标为：

| 点名 | 里程 | $X$ | $Y$ | 备注 |
|------|------|-----|-----|------|
|      |      |     |     |      |
|      |      |     |     |      |
|      |      |     |     |      |

1. 缓和曲线角：$\beta_0 = \dfrac{90 l_0}{\pi R} =$

2. 内移距：$p = \dfrac{l_0^2}{24R} =$

3. 切垂距：$m = \dfrac{l_0}{2} - \dfrac{l_0^3}{240 R^2} =$

4. 切线长：$T = (R+p)\tan\dfrac{\alpha}{2} + m =$

5. 曲线长：$L = \dfrac{\pi R \alpha}{180°} + l_0 =$

6. 外矢距：$E_0 = (R+p)\sec\dfrac{\alpha}{2} - R =$

7. 切曲差：$q = 2T - L =$

8. HY(YH)点切线支距坐标：$X_0 = l_0 - \dfrac{l_0^3}{40 R^2} =$　　　　$y_0 = \dfrac{l_0^2}{6R} =$

9. $90° - \alpha/2 =$

**二、主点里程计算**

## 三、切线支距法详细测设资料计算

____年____月____日 天气____ 观测____ 记录____ 复核____

| 中桩点里程 | 中桩点至曲线起点（终点）的弧长 $l_i$/m | 弧长所对的圆心角 $\varphi_i$ | 横坐标 $x$/m | 纵坐标 $y$/m |
|---|---|---|---|---|
|  |  |  |  |  |
|  |  |  |  |  |
|  |  |  |  |  |
|  |  |  |  |  |
|  |  |  |  |  |
|  |  |  |  |  |
|  |  |  |  |  |
|  |  |  |  |  |
|  |  |  |  |  |
|  |  |  |  |  |
|  |  |  |  |  |
|  |  |  |  |  |
|  |  |  |  |  |
|  |  |  |  |  |
|  |  |  |  |  |
|  |  |  |  |  |
|  |  |  |  |  |
|  |  |  |  |  |
| 备注 | 缓和曲线坐标计算公式：$\begin{cases} x_i = l_i - \dfrac{l_i^5}{40R^2 l_0^2} \\ y_i = \dfrac{l_i^3}{6R \cdot l_0} \end{cases}$ 圆曲线坐标计算公式：$$\alpha_c = \dfrac{180(l_i - l_0)}{\pi \cdot R} + \beta_0$$ $x_i = R\sin\alpha_c + m \quad y_i = R(1 - \cos\alpha_c) + p$ ||||

　　　　年　　　　月　　　　日　天气　　　　　观测　　　　　记录　　　　　复核　　　　

| 中桩点里程 | 中桩点至曲线起点（终点）的弧长 $l_i$/m | 弧长所对的圆心角 $\varphi_i$ | 横坐标 $x$/m | 纵坐标 $y$/m |
|---|---|---|---|---|
|  |  |  |  |  |
|  |  |  |  |  |
|  |  |  |  |  |
|  |  |  |  |  |
|  |  |  |  |  |
|  |  |  |  |  |
|  |  |  |  |  |
|  |  |  |  |  |
|  |  |  |  |  |
|  |  |  |  |  |
|  |  |  |  |  |
|  |  |  |  |  |
|  |  |  |  |  |
|  |  |  |  |  |
|  |  |  |  |  |
|  |  |  |  |  |
|  |  |  |  |  |
|  |  |  |  |  |
|  |  |  |  |  |
|  |  |  |  |  |
|  |  |  |  |  |

## 四、统一坐标法详细测设资料计算

_____年_____月_____日 天气_____ 观测_____ 记录_____ 复核_____

| 中桩点里程 | 切线直角坐标 | | 统一坐标 | |
|---|---|---|---|---|
| | $x$ | $y$ | $X$ | $Y$ |
| | | | | |
| | | | | |
| | | | | |
| | | | | |
| | | | | |
| | | | | |
| | | | | |
| | | | | |
| | | | | |
| | | | | |
| | | | | |
| | | | | |
| | | | | |
| | | | | |
| | | | | |
| | | | | |
| | | | | |
| | | | | |
| | | | | |
| | | | | |
| | | | | |
| | | | | |

$$X_i = X_{ZH_i} + x_i \cos \alpha_{JD_{i-1} \sim JD_i} - \theta \times y_i \sin \alpha_{JD_{i-1} \sim JD_i}$$

$$Y_i = Y_{ZH_i} + x_i \sin \alpha_{JD_{i-1} \sim JD_i} + \theta \times y_i \cos \alpha_{JD_{i-1} \sim JD_i}$$

或: $X_i = X_{HZ_i} - x_i \cos \alpha_{JD_i \sim JD_{i+1}} - \theta \times y_i \sin \alpha_{JD_i \sim JD_{i+1}}$

$Y_i = Y_{HZ_i} - x_i \sin \alpha_{JD_i \sim JD_{i+1}} + \theta \times y_i \cos \alpha_{JD_i \sim JD_{i+1}}$

_____年_____月_____日 天气_____ 观测_____ 记录_____ 复核_____

| 中桩点里程 | 切线直角坐标 | | 统一坐标 | |
|---|---|---|---|---|
| | $x$ | $y$ | $X$ | $Y$ |
| | | | | |
| | | | | |
| | | | | |
| | | | | |
| | | | | |
| | | | | |
| | | | | |
| | | | | |
| | | | | |
| | | | | |
| | | | | |
| | | | | |
| | | | | |
| | | | | |
| | | | | |
| | | | | |
| | | | | |
| | | | | |
| | | | | |
| | | | | |

_____年_____月_____日　天气_____　观测_____　记录_____　复核_____

| 中桩点里程 | 切线支距法坐标 | | 弦切角 | 弦长 | 统一坐标 | |
|---|---|---|---|---|---|---|
| | $x$ | $y$ | $\theta$ | $L$ | $X_{中}$ | $Y_{中}$ |
| | | | | | | |
| | | | | | | |
| | | | | | | |
| | | | | | | |
| | | | | | | |
| | | | | | | |
| | | | | | | |
| | | | | | | |
| | | | | | | |
| | | | | | | |
| | | | | | | |
| | | | | | | |
| | | | | | | |
| | | | | | | |
| | | | | | | |
| | | | | | | |

ZH 到 YH 点计算公式：右偏曲线：$X_{中}=X_{ZH}+L\cos(A_1+\theta)$　　$Y_{中}=Y_{ZH}+L\sin(A_1+\theta)$

左偏曲线：$X_{中}=X_{ZH}+L\cos(A_1-\theta)$　　$Y_{中}=Y_{ZH}+L\sin(A_1-\theta)$

HZ 到 YH 点计算公式：

右偏曲线：$X_{中}=X_{HZ}+L\cos(A_2+180°-\theta)$　　$Y_{中}=Y_{HZ}+L\sin(A_2+180°-\theta)$

左偏曲线：$X_{中}=X_{HZ}+L\cos(A_2+180°+\theta)$　　$Y_{中}=Y_{HZ}+L\sin(A_2+180°+\theta)$

$$\theta=\tan^{-1}(y/x) \qquad L=\sqrt{x^2+y^2}$$

_____年_____月_____日 天气_____ 观测_____ 记录_____ 复核_____

| 中桩点里程 | 切线支距法坐标 | | 弦切角 | 弦长 | 统一坐标 | |
|---|---|---|---|---|---|---|
| | $x$ | $y$ | $\theta$ | $L$ | $X_{中}$ | $Y_{中}$ |
| | | | | | | |
| | | | | | | |
| | | | | | | |
| | | | | | | |
| | | | | | | |
| | | | | | | |
| | | | | | | |
| | | | | | | |
| | | | | | | |
| | | | | | | |
| | | | | | | |
| | | | | | | |
| | | | | | | |
| | | | | | | |
| | | | | | | |
| | | | | | | |
| | | | | | | |
| | | | | | | |

## 实训报告 11　中平测量

### 一、线路中桩纵断面测量外业记录表（水准仪）

　　　　年　　　月　　　日　　天气　　　　观测　　　　　记录　　　　复核　　　　

| 测点 | 后视/m | 中视/m | 前视/m | 视线高/m | 高程/m |
|---|---|---|---|---|---|
|  |  |  |  |  |  |
|  |  |  |  |  |  |
|  |  |  |  |  |  |
|  |  |  |  |  |  |
|  |  |  |  |  |  |
|  |  |  |  |  |  |
|  |  |  |  |  |  |
|  |  |  |  |  |  |
|  |  |  |  |  |  |
|  |  |  |  |  |  |
|  |  |  |  |  |  |
|  |  |  |  |  |  |
|  |  |  |  |  |  |
|  |  |  |  |  |  |
|  |  |  |  |  |  |
|  |  |  |  |  |  |
|  |  |  |  |  |  |
|  |  |  |  |  |  |
|  |  |  |  |  |  |
|  |  |  |  |  |  |
|  |  |  |  |  |  |
|  |  |  |  |  |  |
|  |  |  |  |  |  |

_____年_____月_____日　天气_____　观测_____　记录_____　复核_____

| 测点 | 后视/m | 中视/m | 前视/m | 视线高/m | 高程/m |
|---|---|---|---|---|---|
|  |  |  |  |  |  |
|  |  |  |  |  |  |
|  |  |  |  |  |  |
|  |  |  |  |  |  |
|  |  |  |  |  |  |
|  |  |  |  |  |  |
|  |  |  |  |  |  |
|  |  |  |  |  |  |
|  |  |  |  |  |  |
|  |  |  |  |  |  |
|  |  |  |  |  |  |
|  |  |  |  |  |  |
|  |  |  |  |  |  |
|  |  |  |  |  |  |
|  |  |  |  |  |  |
|  |  |  |  |  |  |
|  |  |  |  |  |  |
|  |  |  |  |  |  |
|  |  |  |  |  |  |
|  |  |  |  |  |  |
|  |  |  |  |  |  |
|  |  |  |  |  |  |
| 校核 |  |  |  |  |  |

## 二、线路中桩纵断面测量外业记录表(全站仪)

_____年_____月_____日　天气_____　观测_____　记录_____　复核_____

| 测站 | 测点 | 仪镜中心差 $VD$/m | 棱镜高 $V$/m | 高程 $H$/m |
|---|---|---|---|---|
| $i =$ <br> $H =$ | | | | |
| | | | | |
| | | | | |
| | | | | |
| | | | | |
| | | | | |
| | | | | |
| | | | | |
| | | | | |
| | | | | |
| | | | | |
| | | | | |
| | | | | |
| | | | | |
| | | | | |
| | | | | |
| | | | | |
| | | | | |
| | | | | |
| | | | | |
| | | | | |
| | | | | |
| | | | | |

_____年_____月_____日  天气_____  观测_____  记录_____  复核_____

| 测站 | 测点 | 仪镜中心差 VD/m | 棱镜高 V/m | 高程 H/m |
|---|---|---|---|---|
| $i=$ $H=$ | | | | |
| | | | | |
| | | | | |
| | | | | |
| | | | | |
| | | | | |
| | | | | |
| | | | | |
| | | | | |
| | | | | |
| | | | | |
| | | | | |
| | | | | |
| | | | | |
| | | | | |
| | | | | |
| | | | | |
| | | | | |
| | | | | |
| | | | | |
| | | | | |
| | | | | |

## 实训报告 12　花杆皮尺(全站仪)法横断面测量

一、线路中桩横断面测量外业记录表(花杆皮尺法)

　　　　年　　　月　　　日　天气　　　　观测　　　　记录　　　　复核　　　　

| 左侧(单位:m) | 桩号 | 右侧(单位:m) |
|---|---|---|
| $\dfrac{\text{高差}}{\text{平距}}$ | | $\dfrac{\text{高差}}{\text{平距}}$ |
| | | |
| | | |
| | | |
| | | |
| | | |
| | | |

## 二、线路中桩横断面测量外业记录表(全站仪法)

_____年_____月_____日　天气_____　观测_____　记录_____　复核_____

| 变坡点 | 左侧 | | 桩号 | 变坡点 | 右侧 | |
|---|---|---|---|---|---|---|
| | 水平距离/m | 高差/m | | | 水平距离/m | 高差/m |
| | | | | | | |
| | | | | | | |
| | | | | | | |
| | | | | | | |
| | | | | | | |
| | | | | | | |
| | | | | | | |
| | | | | | | |
| | | | | | | |
| | | | | | | |
| | | | | | | |
| | | | | | | |
| | | | | | | |
| | | | | | | |
| | | | | | | |
| | | | | | | |
| | | | | | | |
| | | | | | | |
| | | | | | | |
| | | | | | | |
| | | | | | | |

_____年_____月_____日  天气_____  观测_____  记录_____  复核_____

| 变坡点 | 左侧 | | 桩号 | 变坡点 | 右侧 | |
|---|---|---|---|---|---|---|
| | 水平距离/m | 高差/m | | | 水平距离/m | 高差/m |
| | | | | | | |
| | | | | | | |
| | | | | | | |
| | | | | | | |
| | | | | | | |
| | | | | | | |
| | | | | | | |
| | | | | | | |
| | | | | | | |
| | | | | | | |
| | | | | | | |
| | | | | | | |
| | | | | | | |
| | | | | | | |
| | | | | | | |
| | | | | | | |
| | | | | | | |
| | | | | | | |
| | | | | | | |
| | | | | | | |
| | | | | | | |
| | | | | | | |
| | | | | | | |
| | | | | | | |
| | | | | | | |

## 实训报告 13　　　　路基边桩的放样

　　　　年　　　月　　　日　　天气　　　　观测　　　　　记录　　　　　复核　　　　

**一、测设数据计算**



**二、测设方法**

| 测设草图 | 测设方法 |
|---|---|
| 测设方法 | |

## 实训报告 14　　桥梁墩台放样

_____年_____月_____日　天气_____　观测_____　记录_____　复核_____

一、角度交会法计算资料

二、放样草图及放样精度

## 实训报告 15　　全站仪数字化测图

　　____年____月____日　　天气____　　观测____　　记录____　　复核____

一、实验目的

二、实验内容

三、实验记录与成果

1. 实验数据记录

2. 草图（作附件）

3. 绘图仪输出图（作附件）

四、实验体会或收获

## 数字地形测量记录表

_____年_____月_____日　天气_____　观测_____　记录_____　复核_____

测站：_____　测站高程：_____　仪器高：_____　定向点：_____

| 点号 | 代码 | 水平角 | 水平距离/m | $X$ 坐标/m | $Y$ 坐标/m | 高程 $H$/m | 备注 |
|---|---|---|---|---|---|---|---|
|  |  |  |  |  |  |  |  |
|  |  |  |  |  |  |  |  |
|  |  |  |  |  |  |  |  |
|  |  |  |  |  |  |  |  |
|  |  |  |  |  |  |  |  |
|  |  |  |  |  |  |  |  |
|  |  |  |  |  |  |  |  |
|  |  |  |  |  |  |  |  |
|  |  |  |  |  |  |  |  |
|  |  |  |  |  |  |  |  |
|  |  |  |  |  |  |  |  |
|  |  |  |  |  |  |  |  |
|  |  |  |  |  |  |  |  |
|  |  |  |  |  |  |  |  |
|  |  |  |  |  |  |  |  |
|  |  |  |  |  |  |  |  |
|  |  |  |  |  |  |  |  |
|  |  |  |  |  |  |  |  |
|  |  |  |  |  |  |  |  |
|  |  |  |  |  |  |  |  |
|  |  |  |  |  |  |  |  |
|  |  |  |  |  |  |  |  |
|  |  |  |  |  |  |  |  |
|  |  |  |  |  |  |  |  |
|  |  |  |  |  |  |  |  |
|  |  |  |  |  |  |  |  |

## 实训报告 16　　建筑物放样

　　____年____月____日　天气____　观测____　记录____　复核____

**一、建筑基线测设**

1. 水平角 β 的测量记录

| 测点 | 盘位 | 目标 | 水平度盘读数 ° ′ ″ | 水平角 | |
|---|---|---|---|---|---|
| | | | | 半测回值 ° ′ ″ | 一测回值 ° ′ ″ |
| | | | | | |
| | | | | | |
| | | | | | |
| | | | | | |
| | | | | | |
| | | | | | |
| | | | | | |
| | | | | | |
| | | | | | |

2. 计算调整

经计算得：δ = _____ mm。

**二、建筑轴线测设**

1. 测设数据

$a$ = _____ m，$b$ = _____，$c$ = _____ m，$d$ = _____ m，$e$ = _____ m。

2. 轴线角点的测量记录

| 测点 | 盘位 | 目标 | 水平度盘读数 ° ′ ″ | 水平角 | | 示意图 |
|---|---|---|---|---|---|---|
| | | | | 半测回值 ° ′ ″ | 一测回值 ° ′ ″ | |
| | | | | | | |
| | | | | | | |
| | | | | | | |
| | | | | | | |
| | | | | | | |
| | | | | | | |
| | | | | | | |
| | | | | | | |
| | | | | | | |
| | | | | | | |
| | | | | | | |
| | | | | | | |
| | | | | | | |
| | | | | | | |
| | | | | | | |
| | | | | | | |
| | | | | | | |

3. 轴线距离测量记录

轴线 12 = _____ m, $K$ = _____ ; 轴线 34 = _____ m, $K$ = _____ ;

轴线 13 = _____ m, $K$ = _____ ; 轴线 24 = _____ m, $K$ = _____ 。

## 三、点位及高程测设

1. 已知控制点表

| 点号 | 坐标 | | 高程/m | 备注 |
|---|---|---|---|---|
| | $X$/m | $Y$/m | | |
| | | | | |
| | | | | |
| | | | | |
| | | | | |
| | | | | |

2. 高程测设数据的记录与计算

| 测点 | 后视读数 | 前视读数 |
|---|---|---|
| | | |
| | | |
| | | |
| | | |
| | | |
| | | |
| | | |
| | | |

**3. 高程测设精度检核**

| 测点 | 后视读数 | 前视读数 | 实测高程 | 设计高程 | 高差 | 备注 |
|------|---------|---------|---------|---------|------|------|
|      |         |         |         |         |      |      |
|      |         |         |         |         |      |      |
|      |         |         |         |         |      |      |
|      |         |         |         |         |      |      |
|      |         |         |         |         |      |      |
|      |         |         |         |         |      |      |
|      |         |         |         |         |      |      |
|      |         |         |         |         |      |      |
|      |         |         |         |         |      |      |

**4. 建筑物定位数据计算成果及定位检核表**

| 点号 | 设计坐标 | | 实放坐标 | | 偏差/mm | |
|------|---------|---------|---------|---------|---------|---------|
|      | $X$/m | $Y$/m | $X$/m | $Y$/m | $\Delta X$ | $\Delta Y$ |
|      |       |       |       |       |       |       |
|      |       |       |       |       |       |       |
|      |       |       |       |       |       |       |
|      |       |       |       |       |       |       |
|      |       |       |       |       |       |       |
|      |       |       |       |       |       |       |
|      |       |       |       |       |       |       |
|      |       |       |       |       |       |       |

**5. 建筑物施工放样轴线检核表**

| 序号 | 轴线段 | 轴线间设计距离/m | 轴线间实放距离/m | 轴线距离偏差/mm |
|------|-------|---------------|---------------|---------------|
|      |       |               |               |               |
|      |       |               |               |               |
|      |       |               |               |               |
|      |       |               |               |               |
|      |       |               |               |               |
|      |       |               |               |               |
|      |       |               |               |               |

备注：外轮廓主轴线长度 $L \leq 30$ m 时允许偏差±5 mm，30 m<$L \leq 60$ m 时允许偏差±10 mm，60 m<$L \leq 90$ m 时允许偏差±15 mm，$L$>90 m 时允许偏差±20 mm；细部轴线允许偏差±2 mm。

## 实训报告 17　　管道中线测量

____年____月____日　　天气____　　观测____　　记录____　　复核____

### 一、放样点的坐标

| 点号 | X/m | Y/m |
|---|---|---|
|  |  |  |
|  |  |  |
|  |  |  |
|  |  |  |
|  |  |  |
|  |  |  |

### 二、管道中线放样草图

### 三、放线精度检核

## 实训报告 18　隧道开挖轮廓线放样

_____年_____月_____日　天气_____　观测_____　记录_____　复核_____

### 一、支距计算数据

| 拱顶下拉距离 | 支距 | 拱顶下拉距离 | 支距 |
|---|---|---|---|
|  |  |  |  |
|  |  |  |  |
|  |  |  |  |
|  |  |  |  |
|  |  |  |  |
|  |  |  |  |
|  |  |  |  |

### 二、曲线段坐标放样数据

| 点名 | 坐标 | | 高程 $H$ |
|---|---|---|---|
|  | $X$ | $Y$ |  |
| 置镜点 |  |  |  |
| 后视点 |  |  |  |
| 预计放样点 |  |  |  |
| 掌子面放样点 |  |  |  |

### 三、高程放样记录

1. 开挖面拱顶中心设计高程计算

（1）开挖面未处于竖曲线上时：

变坡点里程 $K_1$：　　　　　　开挖面里程 $K_2$：　　　　　　设计坡度 $i$：

变坡点内轨顶面高程 $H_0$：　　　　　　内轨顶面距离拱顶距离 $h$：

设计高程计算公式：$H = H_0 + (K_2 - K_1) \times i + h$

由此算得开挖面拱顶中心设计高程为：
（2）开挖面处于竖曲线上时：

变坡点里程 $K_1$：　　　　　　开挖面里程 $K_2$：　　　　　　设计坡度 $i$：

变坡点内轨顶面高程 $H_0$：　　　　　　竖曲线设计半径 $R$：

竖曲线起点里程 $K_3$：

内轨顶面距离拱顶距离 $h$：

以下情况设计的高程计算公式为：$H = H_0 + (K_2 - K_1) \times i + (K_2 - K_3)^2 / 2R + h$

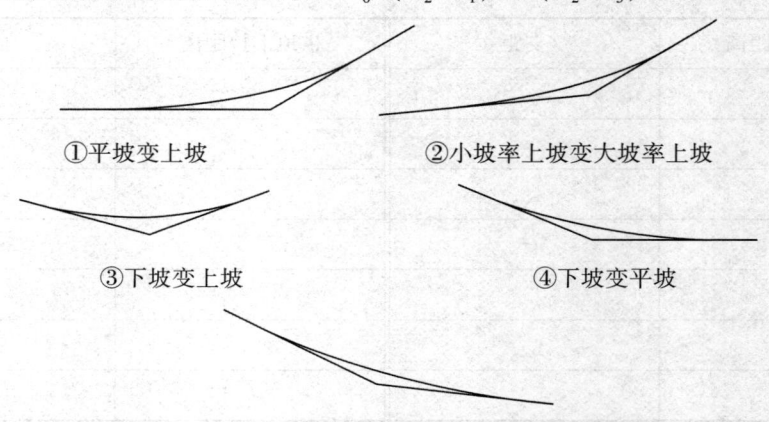

①平坡变上坡　　　　　　②小坡率上坡变大坡率上坡

③下坡变上坡　　　　　　④下坡变平坡

⑤大坡率下坡变小坡率下坡

由此算得开挖面拱顶中心设计高程为：

以下情况设计高程计算公式为：$H = H_0 + (K_2 - K_1) \times i - (K_2 - K_3)^2 / 2R + h$

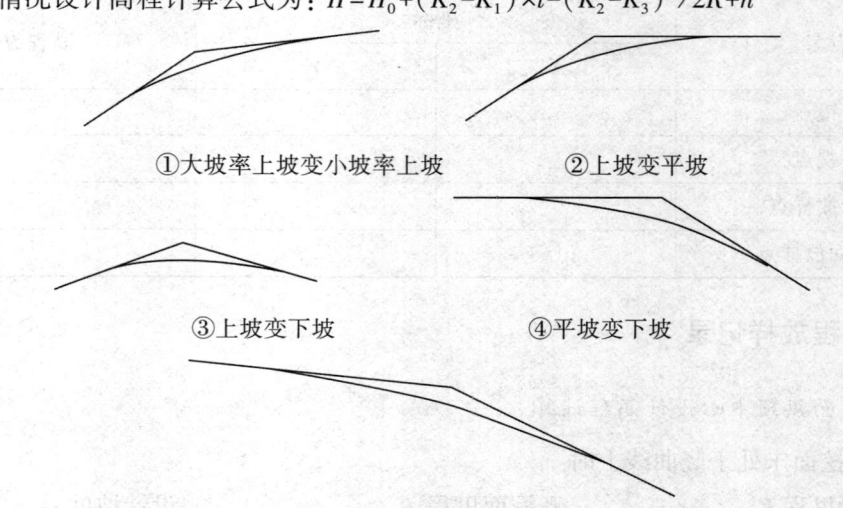

①大坡率上坡变小坡率上坡　　　　　　②上坡变平坡

③上坡变下坡　　　　　　④平坡变下坡

⑤小坡率下坡变大坡率下坡

由此算得开挖面拱顶中心设计高程为：

## 2. 高程放样用表

| 测点 | 后视 | 仪高 | 设计高程 | 前视 | 备注 |
|------|------|------|----------|------|------|
|      |      |      |          |      |      |
|      |      |      |          |      |      |
|      |      |      |          |      |      |

## 四、超欠挖检查记录

| 拱顶下拉距离 | 超挖 | 欠挖 | 拱顶下拉距离 | 超挖 | 欠挖 |
|--------------|------|------|--------------|------|------|
|              |      |      |              |      |      |
|              |      |      |              |      |      |
|              |      |      |              |      |      |
|              |      |      |              |      |      |
|              |      |      |              |      |      |
|              |      |      |              |      |      |
|              |      |      |              |      |      |

# 实训报告 19　GPS 接收机的认识及静态数据采集

　　　年　　　月　　　日　　天气　　　　观测　　　　记录　　　　复核　　　　

## 一、GPS 基本常识

（1）实训所用 GPS 接收机型号　　　　，生产厂家为　　　　。该 GPS 的标称精度为：

静态平面：　　　　　　　　　　　　　　　　静态高程：

动态 RTK 平面：　　　　　　　　　　　　　动态 RTK 高程：

（2）GPS 测量定位的方式主要有哪几种？

（3）GPS 静态定位至少需要接收　　　　颗卫星。

## 二、GPS 静态外业测量记录

| 测站名 | | 测点号 | | 观测时段号 | |
|---|---|---|---|---|---|
| 测站点近似坐标及高程 | 经度： | 本测站点类型 | 新设点 | 时间类型 | 北京时间 |
| | 纬度： | | 　　　等大地点 | | UTC（世界时） |
| | 高程系统： | | 　　　等水准点 | | 　　　地方时 |
| | 高程： | | 其他　　　 | | 其他　　　 |
| 天线号： | | | 接收机号： | | |
| 天线高（量测）：平均值　　　（m）<br>第一次　　　第二次　　　第三次　　　 | | | 观测时间 | 开始时间：<br>结束时间： | |

## 实训报告 20　GPS 静态相对定位数据处理

　　____年____月____日　　天气_____　　观测_____　　记录_____　　复核_____

一、内业处理软件名称　　　　　　　　　　　　　　　版本


二、静态测量控制网草图


三、软件处理成果粘贴处

## 实训报告 21　　GPS-RTK 观测

_____年_____月_____日　天气_____　观测_____　记录_____　复核_____

**GPS 外业测量记录**

GPS 接收机型号 _____　　　　　　接收机编号 _____

| 测点编号 | 测点类型 | $x$ | $y$ | $H$ | 附注 | 示意图 |
|---|---|---|---|---|---|---|
|  |  |  |  |  |  |  |
|  |  |  |  |  |  |  |
|  |  |  |  |  |  |  |
|  |  |  |  |  |  |  |
|  |  |  |  |  |  |  |
|  |  |  |  |  |  |  |
|  |  |  |  |  |  |  |
|  |  |  |  |  |  |  |
|  |  |  |  |  |  |  |
|  |  |  |  |  |  |  |
|  |  |  |  |  |  |  |
|  |  |  |  |  |  |  |
|  |  |  |  |  |  |  |
|  |  |  |  |  |  |  |
|  |  |  |  |  |  |  |
|  |  |  |  |  |  |  |
|  |  |  |  |  |  |  |
|  |  |  |  |  |  |  |
|  |  |  |  |  |  |  |
|  |  |  |  |  |  |  |
|  |  |  |  |  |  |  |

## 实训报告 22　　既有线里程测量

_____年_____月_____日　　天气_____　　观测_____　　记录_____　　复核_____
　　　　　　　　　　　_____线　　_____区间　　_____方向

| 里程及百米标 | 加标 | 附注 |
| --- | --- | --- |
|  |  |  |
|  |  |  |
|  |  |  |
|  |  |  |
|  |  |  |
|  |  |  |
|  |  |  |
|  |  |  |
|  |  |  |
|  |  |  |
|  |  |  |
|  |  |  |
|  |  |  |
|  |  |  |
|  |  |  |
|  |  |  |
|  |  |  |
|  |  |  |
|  |  |  |
|  |  |  |
|  |  |  |
|  |  |  |
|  |  |  |
|  |  |  |

## 实训报告 23　　既有线高程测量

_____年_____月_____日　天气_____　观测_____　记录_____　复核_____
　　　　　_____线　_____区间　_____方向

| 测点(里程) | 后视 | 前视 | 中视 | 仪器高程 | 高程 | 附注 |
|---|---|---|---|---|---|---|
|  |  |  |  |  |  |  |
|  |  |  |  |  |  |  |
|  |  |  |  |  |  |  |
|  |  |  |  |  |  |  |
|  |  |  |  |  |  |  |
|  |  |  |  |  |  |  |
|  |  |  |  |  |  |  |
|  |  |  |  |  |  |  |
|  |  |  |  |  |  |  |
|  |  |  |  |  |  |  |
|  |  |  |  |  |  |  |
|  |  |  |  |  |  |  |
|  |  |  |  |  |  |  |
|  |  |  |  |  |  |  |
|  |  |  |  |  |  |  |
|  |  |  |  |  |  |  |
|  |  |  |  |  |  |  |
|  |  |  |  |  |  |  |
|  |  |  |  |  |  |  |
|  |  |  |  |  |  |  |
|  |  |  |  |  |  |  |
|  |  |  |  |  |  |  |

____年____月____日 天气____ 观测____ 记录____ 复核_____

| 测点(里程) | 后视 | 前视 | 中视 | 仪器高程 | 高程 | 附注 |
|---|---|---|---|---|---|---|
| | | | | | | |
| | | | | | | |
| | | | | | | |
| | | | | | | |
| | | | | | | |
| | | | | | | |
| | | | | | | |
| | | | | | | |
| | | | | | | |
| | | | | | | |
| | | | | | | |
| | | | | | | |
| | | | | | | |
| | | | | | | |
| | | | | | | |
| | | | | | | |
| | | | | | | |
| | | | | | | |
| | | | | | | |
| | | | | | | |
| | | | | | | |
| | | | | | | |
| | | | | | | |
| | | | | | | |
| | | | | | | |
| | | | | | | |

## 实训报告 24　　既有线中线测量

　　　年　　月　　日　天气　　　　观测　　　　记录　　　　复核　　　　
　　　　　　　　　　　　　　　线　　　　　区间

| 置镜点<br>（里程） | 观测点<br>（里程） | 后视（置镜）点偏角 | | 观测点水平度盘读数 | | | 偏角 |
|---|---|---|---|---|---|---|---|
| | | 1 | 2 | 1 | 2 | 平均 | |
| | | | | | | | |
| | | | | | | | |
| | | | | | | | |
| | | | | | | | |
| | | | | | | | |
| | | | | | | | |
| | | | | | | | |
| | | | | | | | |
| | | | | | | | |
| | | | | | | | |
| | | | | | | | |
| | | | | | | | |
| | | | | | | | |
| | | | | | | | |
| | | | | | | | |
| | | | | | | | |
| | | | | | | | |
| | | | | | | | |
| | | | | | | | |
| | | | | | | | |

## 实训报告 24　既有线中线测量

_____年_____月_____日　天气_____　观测_____　记录_____　复核_____
　　　　　　　　　　　　　　_____线　_____区间

| 置镜点<br>（里程） | 观测点<br>（里程） | 后视（置镜）点偏角 | | 观测点水平度盘读数 | | | 偏角 |
|---|---|---|---|---|---|---|---|
| | | 1 | 2 | 1 | 2 | 平均 | |
| | | | | | | | |
| | | | | | | | |
| | | | | | | | |
| | | | | | | | |
| | | | | | | | |
| | | | | | | | |
| | | | | | | | |
| | | | | | | | |
| | | | | | | | |
| | | | | | | | |
| | | | | | | | |
| | | | | | | | |
| | | | | | | | |
| | | | | | | | |
| | | | | | | | |
| | | | | | | | |
| | | | | | | | |
| | | | | | | | |
| | | | | | | | |
| | | | | | | | |
| | | | | | | | |
| | | | | | | | |
| | | | | | | | |
| | | | | | | | |
| | | | | | | | |
| | | | | | | | |
| | | | | | | | |
| | | | | | | | |
| | | | | | | | |

## 实训报告 25　　GPS-RTK 铁路既有线中线测量

　　____年____月____日　　天气____　　观测____　　记录____　　复核____

　　　　____线　　____区间　　____方向

**一、GPS-RTK 数据成果表**（将电子资料打印成纸质资料粘贴处）

| 点号 | 实测坐标 ||
|---|---|---|
|  | $X$/m | $y$/m |
|  |  |  |
|  |  |  |
|  |  |  |

**二、实训总结**

## 实训报告 26　精密电子水准仪的认识及使用

### 一、精密电子水准仪读数练习

_____年_____月_____日　天气_____　观测_____　记录_____　复核_____

| 测点 | 视距 | 水准尺读数 | | 两次水准尺读数之差/mm |
|------|------|------|------|------|
| | | 第1次 | 第2次 | |
| | | | | |
| | | | | |
| | | | | |
| | | | | |
| | | | | |

### 二、水准测量练习

_____年_____月_____日　天气_____　观测_____　记录_____　复核_____

| 测点编号 | 测站编号 | 后距 视距差 | 前距 累积视距差 | 方向及尺号 | 标尺读数 | | 两次读数之差 | 备注 |
|------|------|------|------|------|------|------|------|------|
| | | | | | 第一次读数 | 第二次读数 | | |
| | | | | 后 | | | | |
| | | | | 前 | | | | |
| | | | | 后—前 | | | | |
| | | | | $h$ | | | | |
| | | | | 后 | | | | |
| | | | | 前 | | | | |
| | | | | 后—前 | | | | |
| | | | | $h$ | | | | |
| | | | | 后 | | | | |
| | | | | 前 | | | | |
| | | | | 后—前 | | | | |
| | | | | $h$ | | | | |
| | | | | 后 | | | | |
| | | | | 前 | | | | |
| | | | | 后—前 | | | | |
| | | | | $h$ | | | | |

## 实训报告 27　　二等水准测量

_____年_____月_____日　天气_____　观测_____　记录_____　复核_____

| 测点编号 | 测站编号 | 后距<br>视距差 | 前距<br>累积<br>视距差 | 方向及尺号 | 标尺读数 | | 两次读数之差 | 备注 |
|---|---|---|---|---|---|---|---|---|
| | | | | | 第一次读数 | 第二次读数 | | |
| | | | | 后 | | | | |
| | | | | 前 | | | | |
| | | | | 后—前 | | | | |
| | | | | h | | | | |
| | | | | 后 | | | | |
| | | | | 前 | | | | |
| | | | | 后—前 | | | | |
| | | | | h | | | | |
| | | | | 后 | | | | |
| | | | | 前 | | | | |
| | | | | 后—前 | | | | |
| | | | | h | | | | |
| | | | | 后 | | | | |
| | | | | 前 | | | | |
| | | | | 后—前 | | | | |
| | | | | h | | | | |
| | | | | 后 | | | | |
| | | | | 前 | | | | |
| | | | | 后—前 | | | | |
| | | | | h | | | | |
| | | | | 后 | | | | |
| | | | | 前 | | | | |
| | | | | 后—前 | | | | |
| | | | | h | | | | |

## 实训报告 27　二等水准测量

_____年_____月_____日　天气_____　观测_____　记录_____　复核_____

| 测点编号 | 测站编号 | 后距 视距差 | 前距 累积视距差 | 方向及尺号 | 标尺读数 第一次读数 | 标尺读数 第二次读数 | 两次读数之差 | 备注 |
|---|---|---|---|---|---|---|---|---|
| | | | | 后 | | | | |
| | | | | 前 | | | | |
| | | | | 后—前 | | | | |
| | | | | $h$ | | | | |
| | | | | 后 | | | | |
| | | | | 前 | | | | |
| | | | | 后—前 | | | | |
| | | | | $h$ | | | | |
| | | | | 后 | | | | |
| | | | | 前 | | | | |
| | | | | 后—前 | | | | |
| | | | | $h$ | | | | |
| | | | | 后 | | | | |
| | | | | 前 | | | | |
| | | | | 后—前 | | | | |
| | | | | $h$ | | | | |
| | | | | 后 | | | | |
| | | | | 前 | | | | |
| | | | | 后—前 | | | | |
| | | | | $h$ | | | | |
| | | | | 后 | | | | |
| | | | | 前 | | | | |
| | | | | 后—前 | | | | |
| | | | | $h$ | | | | |

_____年_____月_____日　天气_____　观测_____　记录_____　复核_____

| 测点编号 | 测站编号 | 后距 视距差 | 前距 累积 视距差 | 方向及尺号 | 标尺读数 | | 两次读数之差 | 备注 |
|---|---|---|---|---|---|---|---|---|
| | | | | | 第一次读数 | 第二次读数 | | |
| | | | | 后 | | | | |
| | | | | 前 | | | | |
| | | | | 后—前 | | | | |
| | | | | h | | | | |
| | | | | 后 | | | | |
| | | | | 前 | | | | |
| | | | | 后—前 | | | | |
| | | | | h | | | | |
| | | | | 后 | | | | |
| | | | | 前 | | | | |
| | | | | 后—前 | | | | |
| | | | | h | | | | |
| | | | | 后 | | | | |
| | | | | 前 | | | | |
| | | | | 后—前 | | | | |
| | | | | h | | | | |
| | | | | 后 | | | | |
| | | | | 前 | | | | |
| | | | | 后—前 | | | | |
| | | | | h | | | | |
| | | | | 后 | | | | |
| | | | | 前 | | | | |
| | | | | 后—前 | | | | |
| | | | | h | | | | |

_____年_____月_____日  天气_____  观测_____  记录_____  复核_____

| 测点编号 | 测站编号 | 后距<br>视距差 | 前距<br>累积<br>视距差 | 方向及尺号 | 标尺读数 | | 两次读数之差 | 备注 |
|---|---|---|---|---|---|---|---|---|
| | | | | | 第一次读数 | 第二次读数 | | |
| | | | | 后 | | | | |
| | | | | 前 | | | | |
| | | | | 后—前 | | | | |
| | | | | $h$ | | | | |
| | | | | 后 | | | | |
| | | | | 前 | | | | |
| | | | | 后—前 | | | | |
| | | | | $h$ | | | | |
| | | | | 后 | | | | |
| | | | | 前 | | | | |
| | | | | 后—前 | | | | |
| | | | | $h$ | | | | |
| | | | | 后 | | | | |
| | | | | 前 | | | | |
| | | | | 后—前 | | | | |
| | | | | $h$ | | | | |
| | | | | 后 | | | | |
| | | | | 前 | | | | |
| | | | | 后—前 | | | | |
| | | | | $h$ | | | | |
| | | | | 后 | | | | |
| | | | | 前 | | | | |
| | | | | 后—前 | | | | |
| | | | | $h$ | | | | |

_____年_____月_____日　天气_____　观测_____　记录_____　复核_____

| 测点编号 | 测站编号 | 后距<br>视距差 | 前距<br>累积视距差 | 方向及尺号 | 标尺读数 | | 两次读数之差 | 备注 |
|---|---|---|---|---|---|---|---|---|
| | | | | | 第一次读数 | 第二次读数 | | |
| | | | | 后 | | | | |
| | | | | 前 | | | | |
| | | | | 后—前 | | | | |
| | | | | h | | | | |
| | | | | 后 | | | | |
| | | | | 前 | | | | |
| | | | | 后—前 | | | | |
| | | | | h | | | | |
| | | | | 后 | | | | |
| | | | | 前 | | | | |
| | | | | 后—前 | | | | |
| | | | | h | | | | |
| | | | | 后 | | | | |
| | | | | 前 | | | | |
| | | | | 后—前 | | | | |
| | | | | h | | | | |
| | | | | 后 | | | | |
| | | | | 前 | | | | |
| | | | | 后—前 | | | | |
| | | | | h | | | | |
| | | | | 后 | | | | |
| | | | | 前 | | | | |
| | | | | 后—前 | | | | |
| | | | | h | | | | |

## 实训报告 28　精密水准测量

____年____月____日　天气____　观测____　记录____　复核____

测段：_____　仪器型号：_____　呈像：_____

| 测站 | 视准点 | 视距读数 | | 标尺读数 | | 读数差/mm | 高差/m | 高程/m | 备注 |
|---|---|---|---|---|---|---|---|---|---|
| | 后视 | 后距1 | 后距2 | 后尺读数1 | 后尺读数2 | | | | |
| | 前视 | 前距1 | 前距2 | 前尺读数1 | 前尺读数2 | | | | |
| | | 视距差/m | 累积差/m | 高差/m | 高差/m | | | | |
| | | | | | | | | | |
| | | | | | | | | | |
| | | | | | | | | | |
| | | | | | | | | | |
| | | | | | | | | | |
| | | | | | | | | | |
| | | | | | | | | | |
| | | | | | | | | | |
| | | | | | | | | | |
| | | | | | | | | | |
| | | | | | | | | | |
| | | | | | | | | | |
| | | | | | | | | | |
| | | | | | | | | | |
| | | | | | | | | | |
| 测段计算 | 起点 | | | | | | | | |
| | 终点 | | | | | | | | |
| | 前距 | | km | 高差 | | m | | | |
| | 后距 | | km | 距离 | | km | | | |

观测者：_____　　计算者：_____　　检核者：_____

_____年_____月_____日　天气_____　观测_____　记录_____　复核_____

| 测站 | 视准点 | 视距读数 | | 标尺读数 | | 读数差 /mm | 高差 /m | 高程 /m | 备注 |
|---|---|---|---|---|---|---|---|---|---|
| | 后视 | 后距1 | 后距2 | 后尺读数1 | 后尺读数2 | | | | |
| | 前视 | 前距1 | 前距2 | 前尺读数1 | 前尺读数2 | | | | |
| | | 视距差/m | 累积差/m | 高差/m | 高差/m | | | | |
| | | | | | | | | | |
| | | | | | | | | | |
| | | | | | | | | | |
| | | | | | | | | | |
| | | | | | | | | | |
| | | | | | | | | | |
| | | | | | | | | | |
| | | | | | | | | | |
| | | | | | | | | | |
| | | | | | | | | | |
| | | | | | | | | | |
| | | | | | | | | | |
| | | | | | | | | | |
| | | | | | | | | | |
| | | | | | | | | | |
| 测段计算 | 起点 | | | | | | | | |
| | 终点 | | | | | | | | |
| | 前距 | | km | 高差 | | m | | | |
| | 后距 | | km | 距离 | | km | | | |

观测者：　　　　　　　　　　计算者：　　　　　　　　　　检核者：

实训报告 28　精密水准测量

____年____月____日　天气____　观测____　记录____　复核____

| 测站 | 视准点 | 视距读数 | | 标尺读数 | | 读数差 /mm | 高差 /m | 高程 /m | 备注 |
|---|---|---|---|---|---|---|---|---|---|
| | 后视 | 后距1 | 后距2 | 后尺读数1 | 后尺读数2 | | | | |
| | 前视 | 前距1 | 前距2 | 前尺读数1 | 前尺读数2 | | | | |
| | | 视距差/m | 累积差/m | 高差/m | 高差/m | | | | |
| | | | | | | | | | |
| | | | | | | | | | |
| | | | | | | | | | |
| | | | | | | | | | |
| | | | | | | | | | |
| | | | | | | | | | |
| | | | | | | | | | |
| | | | | | | | | | |
| | | | | | | | | | |
| | | | | | | | | | |
| | | | | | | | | | |
| | | | | | | | | | |
| | | | | | | | | | |
| | | | | | | | | | |
| | | | | | | | | | |
| | | | | | | | | | |
| | | | | | | | | | |
| | | | | | | | | | |

| 测段计算 | 起点 | | | | | | | |
|---|---|---|---|---|---|---|---|---|
| | 终点 | | | | | | | |
| | 前距 | | km | 高差 | | | m | |
| | 后距 | | km | 距离 | | | km | |

观测者：　　　　　　　　　计算者：　　　　　　　　　检核者：

## 实训报告 29　　智能全站仪的认识及使用

　　　年　　　月　　　日　　天气　　　　观测　　　　记录　　　　复核　　　

**第一周期　智能全站仪多测回观测表**

| 测站 | 观测点 | 水平角 | 竖直角 | 斜距 | 误差最大值 |
|------|--------|--------|--------|------|------------|
|      |        |        |        |      |            |
|      |        |        |        |      |            |
|      |        |        |        |      |            |
|      |        |        |        |      |            |
|      |        |        |        |      |            |
|      |        |        |        |      |            |
|      |        |        |        |      |            |

**第二周期　智能全站仪多测回观测表**

| 测站 | 观测点 | 水平角 | 竖直角 | 斜距 | 误差最大值 |
|------|--------|--------|--------|------|------------|
|      |        |        |        |      |            |
|      |        |        |        |      |            |
|      |        |        |        |      |            |
|      |        |        |        |      |            |
|      |        |        |        |      |            |
|      |        |        |        |      |            |
|      |        |        |        |      |            |

**第三周期　智能全站仪多测回观测表**

| 测站 | 观测点 | 水平角 | 竖直角 | 斜距 | 误差最大值 |
|------|--------|--------|--------|------|------------|
|      |        |        |        |      |            |
|      |        |        |        |      |            |
|      |        |        |        |      |            |
|      |        |        |        |      |            |
|      |        |        |        |      |            |
|      |        |        |        |      |            |
|      |        |        |        |      |            |

## 实训报告 30　　CPⅢ测量

_____年_____月_____日　　天气_____　　观测_____　　记录_____　　复核_____

　　　　　　　　　　　　　仪器型号_____　　编号_____

### 一、观测记录表一

| 测站 | 序号 | 1 | 2 | 3 | 4 | 5 |
|---|---|---|---|---|---|---|
| | 点名 | | | | | |
| | 测站高 | | | | | |
| | 温度 | | | | | |
| | 气压 | | | | | |
| | 天气 | | | | | |
| | 时段 | | | | | |

### 二、观测记录表二

| 观测点编号 \ 观测测回数 | | | | | | | |
|---|---|---|---|---|---|---|---|
| | | | | | | | |
| | | | | | | | |
| | | | | | | | |
| | | | | | | | |
| | | | | | | | |
| | | | | | | | |
| | | | | | | | |
| | | | | | | | |
| | | | | | | | |
| | | | | | | | |
| | | | | | | | |

## 三、CPⅢ控制测量成果表三(或将处理成果粘贴于此处)

WGS84 坐标系　　中央子午线经度　　　度　　分　　1985 高程基准
大地投影面高程:0 m　　高程异常:0 m　　$X_0 = 0$ km　　$y_0 = 500$ km

| 序号 | 点号 | 坐标值 | | | 位置描述 | | | | 备注 |
|---|---|---|---|---|---|---|---|---|---|
| | | $X$/m | $Y$/m | $H$/m | 线路里程 | 连续里程 | 线路左右侧 | 外移距/m | |
| | | | | | | | | | |
| | | | | | | | | | |
| | | | | | | | | | |
| | | | | | | | | | |
| | | | | | | | | | |
| | | | | | | | | | |
| | | | | | | | | | |
| | | | | | | | | | |
| | | | | | | | | | |
| | | | | | | | | | |
| | | | | | | | | | |
| | | | | | | | | | |
| | | | | | | | | | |
| | | | | | | | | | |
| | | | | | | | | | |
| | | | | | | | | | |
| | | | | | | | | | |
| | | | | | | | | | |
| | | | | | | | | | |

计算　　　　　　　　　　　　　　　　　　　　复核

备注:
1. 观测成果可以由计算机输出打印,上表只是一种输出打印格式;
2. 不同打印成果可以直接粘贴在报告处作为实训报告。

# 实训报告 31　GRTSⅠ/GRTSⅡ无砟轨道板精调

　　____年____月____日　天气____　观测____　记录____　复核____

## 一、GRTSⅠ/GRTSⅡ无砟轨道板精调主要信息

无砟轨道板类型：

线路类型（上行、下行、正线、站线等）

精调测量区段里程：

精调所用主要仪器设备型号：

所用精调软件及版本：

## 二、无砟轨道板精测精调的主要操作步骤及要求

## 三、精调数据粘贴处

## 实训报告 32　　　　　轨道精调

　　　　____年____月____日　天气____　　观测____　　记录____　　复核____

### 一、轨道精调主要信息

无砟轨道板类型：

线路类型(上行、下行、正线、站线等)：

精调测量区段里程：

精调所用主要仪器设备型号：

所用精调软件及版本：

### 二、轨道精测精调的主要内容及操作步骤

### 三、精调数据粘贴处

# 湖南省职业院校技能竞赛高职组资源环境与安全大类地理空间信息采集与处理赛项竞赛规程

## 一、竞赛内容

本赛项竞赛内容包括"一级导线测量""二等水准测量"和"1∶500数字测图"三项任务,每个任务均包括外业观测和内业计算(或绘图),依据竞赛用时、竞赛过程和成果质量评定竞赛成绩。

1. 一级导线测量

在规定时间内完成规定单一导线的观测、记录、计算和成果整理,给定必要的起算数据,按近似平差的方法计算若干待定点的平面坐标,并提交合格成果。

2. 二等水准测量

在规定时间内完成单一水准路线的观测、记录、计算和成果整理,给定必要的起算数据,按近似平差的方法计算若干待定点的高程,并提交合格成果。

3. 1∶500数字测图

按照1∶500比例尺测图的要求,在规定时间内完成指定测区的数据采集和内业成图工作,并提交成果(包括dwg格式图形文件、数据文件和草图)。

## 二、竞赛方式

1. 竞赛为团体赛,以学校为单位组队,不允许跨校组队,同一学校参赛队不超过2支。

2. 每支参赛队由4名选手组成(其中队长1名),参赛选手必须为普通高等学校全日制在籍专科学生。

3. 每支参赛队指导教师不超过2名。

## 三、竞赛时量

本赛项总计用时330分钟。其中一级导线测量竞赛用时60分钟;二等水准测量竞赛用时90分钟;1∶500数字测图竞赛用时180分钟。

### 四、名次确定办法

单项竞赛成绩采用百分制,按参赛队的作业速度、竞赛过程和成果质量等三个方面计算(作业速度15分,按竞赛用时计算;竞赛过程15分,按评分标准计算;成果质量70分,按评分标准计算)。参赛队总成绩按3个单项的竞赛成绩加权求和计算,其中"一级导线测量""二等水准测量"和"1∶500数字测图"的权重分别为0.3、0.3和0.4。

当参赛队的总成绩完全相同时,依次按1∶500数字测图、二等水准测量、一级导线测量的单项成绩排名。

### 五、评分标准与评分细则

1. 评分标准

评分标准从竞赛用时、竞赛过程和成果质量等三个方面考虑,总分100分(其中竞赛用时占15分,竞赛过程占15分,成果质量占70分)。出现二类成果时,其单项竞赛成绩记0分。

(1)单项竞赛用时成绩评分标准

各队的作业速度得分 $S_i$ 计算公式为:

$$S_i = \left(1 - \frac{T_i - T_1}{T_n - T_1} \times 40\%\right) \times 15$$

式中,$T_1$ 为所有参赛队中用时最少的竞赛时间;$T_n$ 为所有参赛队中不超过规定最大时长的队伍中用时最多的竞赛时间;$T_i$ 为各队的实际用时。

(2)一级导线测量竞赛过程和成果质量评分标准

1)不合格成果

不合格成果称为二类成果。凡出现以下任一情况即为二类成果,该项成绩记0分。

①原始观测成果用橡皮擦;
②一测回内2C互差、同一方向值各测回较差超限;
③原始记录连环涂改;
④角度观测记录改动秒值;
⑤距离测量记录改动厘米或者毫米;
⑥方位角闭合差超限,导线全长相对闭合差超限;
⑦手簿内部出现与测量数据无关的文字、符号等内容。

2)观测与记录评分标准

①竞赛时每队只能使用三个脚架,可以不用三联脚架法施测。所有点位都必须使用脚架,不得采用其他对中装置。
②参赛队员轮流完成导线的全部观测,每人至少观测1个测站、记录1个测站。

③竞赛过程中选手不得携带仪器设备(包括脚架和棱镜)跑步。
④只在"一级导线测量记录计算成果"封面规定的位置填写参赛队的有关信息,成果资料内部任何位置不得填写与竞赛测量数据无关的信息。
⑤现场完成导线成果的计算,不允许使用非赛会提供的计算器。
⑥水平角按方向观测法观测,限差见表1。

表1  一级导线测量技术要求

| 水平角测量 | | | 距离测量 | | |
| --- | --- | --- | --- | --- | --- |
| 测回数 | 一测回内2C互差 | 同一方向值各测回较差 | 测回数 | 读数 | 读数差 |
| 2 | 13″ | 9″ | 1 | 4次 | 5 mm |

表2  闭合差

| 方位角闭合差 | $\leq \pm 10″\sqrt{n}$ |
| --- | --- |
| 导线相对闭合差 | $\leq 1/14000$ |

注:表中 $n$ 为测站数。

⑦距离测量时,温度及气压等气象改正由仪器自动设置,观测者可不记录气象数据。
⑧角度及距离的测量成果应使用铅笔记录和计算。记录应完整,记录的数字与文字应清晰、整洁,不得潦草;应按规定记录,不空栏、不空页、不撕页;不得转抄、涂改、就字改字;不得连环涂改;不得用橡皮擦、刀片刮。
⑨错误成果与文字应用单横线正规划去,在其上方填写正确的数字或文字,并在备注(考)栏注明原因:"测错"或"记错",计算错误不必注明原因。
⑩手簿中方向观测值的秒值出现读数(记录)错误应重新观测,度和分的读数(记录)错误可在现场更正,但不得连环涂改。
⑪手簿中距离测量的厘米和毫米读数(记录)错误应重新观测,分米以上(含分米)的读数(记录)错误可在现场更正,但不得连环涂改。
⑫测站超限可以重测。水平角重测必须变换起始度盘的位置,且新的起始度盘位置与原起始度盘位置至少相差30″以上,但不得相差整分。错误成果应当正规划去,并应在备注(考)栏注明"超限"。
⑬内业计算:角度及角度改正数取位至秒,边长、坐标增量及其改正数、坐标计算结果均取位至0.001 m。"导线近似平差计算"表中必须写出方位角闭合差、导线全长相对闭合差。导线全长相对闭合差必须化为分子为1的分数。计算表可以用橡皮擦,但应保持整洁、字迹清晰。

3)上交成果
每个参赛队完成外业观测后,在现场完成内业计算,并上交"一级导线测量记录计算成果"本。

（3）二等水准测量竞赛过程和成果质量评分标准

1）不合格成果

不合格成果称为二类成果。凡出现以下任一情况即为二类成果,该项成绩记0分。

①原始观测记录用橡皮擦;

②每测段的测站数非偶数;

③视线长度、视线离地面最低高度、前后视的距离较差、前后视的距离较差累积、测站两次观测的高差较差超限;

④原始记录连环涂改;

⑤水准路线闭合差超限;

⑥手簿内部出现与测量数据无关的文字、符号等内容。

2）观测与记录评分标准

①观测使用赛点提供的仪器设备 3 m 标尺,测站视线长度、前后视距差及其累积差、视线高度和数字水准仪重复测量次数等按表3规定。

表3 二等水准测量技术要求

| 视线长度 /m | 前后视的距离较差 /m | 前后视的距离较差累积/m | 视线离地面最低高度/m | 测站两次观测的高差较差 /mm | 水准仪重复测量次数 | 测段、环线闭合差/mm |
|---|---|---|---|---|---|---|
| ≥3且≤50 | ≤1.5 | ≤6.0 | ≤2.80且≥0.55 | ≤0.6 | ≥2次 | ≤±4$\sqrt{L}$ |

注:$L$为路线的总长度,以 km 为单位。

②只在"二等水准测量记录计算成果"封面规定的位置填写参赛队的有关信息,成果资料内部任何位置不得填写与竞赛测量数据无关的信息。

③竞赛应使用不少于 3 kg 尺垫,可以不使用撑杆。

④竞赛过程中不得携带仪器、标尺跑步。

⑤观测前30分钟,应将仪器置于露天阴影下,使仪器与外界温度一致,竞赛前须对数字水准仪进行预热测量,预热测量不少于20次。

⑥竞赛记录及计算应使用赛会统一提供的"二等水准测量记录计算成果"本,记录及计算一律使用铅笔填写。记录应完整,记录的数字与文字应清晰、整洁,不得潦草;应按规定记录,不空栏、不空页、不撕页;不得转抄、涂改、就字改字;不得连环涂改;不得用橡皮擦、刀片刮。

⑦水准路线采用单程观测,奇数站观测水准尺的顺序为:后—前—前—后;偶数站观测水准尺的顺序为:前—后—后—前。

⑧同一标尺两次中丝读数不设限差,但测站两次观测的高差较差应满足表3规定。

⑨观测的错误成果与文字应用单横线正规划去,在其上方填写正确的数字或文字,并在备注(考)栏注明原因:"测错"或"记错",计算错误不必注明原因。

⑩因测站观测误差超限,在本站检查发现后可立即重测,重测必须变换仪器高。若迁站后才发现,应退回到本测段的起点重测。无论何种原因使尺垫移动或翻动,应退回到本测段的起点重测。

⑪错误成果应当正规划去,超限重测的应在备注(考)栏注明"超限"。

⑫水准路线各测段的测站数必须为偶数。

⑬迁站过程中观测者必须手托水准仪,不得肩扛。

⑭观测记录的计算由记录员独立完成,且不得使用计算器计算。

⑮每测站的记录和计算全部完成后方可迁站。

⑯测量员、记录员、扶尺员必须轮换,每人观测 1 个测段、记录 1 个测段。

⑰现场完成水准成果的计算,不允许使用非赛会提供的计算器。

⑱观测结束后,仪器装箱并收拢脚架回到计算处,进行水准测量的内业计算并上交成果,然后导出仪器内存数据(数据文件以各参赛学校抽签序号进行命名)并当场打印签字确认。高差闭合差采用与路线长度成比例的原则分配。

⑲高程误差配赋计算,距离取位到 0.1 m,高差及其改正数取位到 0.00001 m,高程取位到 0.001 m。计算表中必须写出高差闭合差和高差闭合差允许值。计算表可以用橡皮擦,但应保持整洁、字迹清晰。

⑳从领取仪器开始,只要仪器或标尺摔落掉地,直接取消比赛资格。

3)上交成果

每个参赛队完成外业观测后,在现场完成内业计算,并上交"二等水准测量记录计算成果"本及仪器导出的外业观测原始数据。

(4)数字测图竞赛过程和成果质量评分标准

测图面积大约为 200 m×150 m,通视条件良好,地物、地貌要素齐全,难度适中,能多个队同时开始测图竞赛。大赛为每个参赛队提供 3 个控制点,控制点之间可能互不通视,参赛队利用 GNSS 流动站在已知点上测量确定坐标系转换参数后测图。

内业编辑成图在规定的教室内完成,赛会提供安装有数字成图软件 SouthMap 2.0、AutoCAD 及其配套软件的计算机 1 台。

成果质量从野外操作情况和地形图成果质量等方面考虑。包括:

1)下列情况之一取消竞赛资格

①故意遮挡其他参赛队观测。

②使用非本赛项规程规定的仪器设备。

③不采用"草图法"采集碎部点。

④GNSS 接收机摔倒落地。

⑤使用非赛项执委会提供的草图纸。
⑥使用电话、对讲机等通信工具。

2）测量及绘图要求

①各参赛队小组成员共同完成规定区域内碎部点数据采集和编辑成图，队员的工作可以不轮换。
②必须采用GNSS接收机测图模式。数据采集模式只限用"草图法"。
③竞赛过程中选手不得携带仪器设备跑步。
④提交绘图成果及外业草图上，不得填写参赛队及观测者、绘图者姓名等信息。
⑤草图必须绘在赛项执委会配发的数字测图野外草图本上。
⑥外业数据采集中不得输入任何编码或简码信息。
⑦提交成果及图上不允许表示赛会提供的控制点。

3）技术要求

①按规范要求表示等高线和高程注记点。
②绘图：按图式要求进行点、线、面状地物绘制和文字、数字、符号注记。注记的文字字体采用成图软件的默认字体。
③图廓整饰内容：采用任意分幅（四角坐标注记坐标单位为km，取整至50 m）、图名、测图比例尺、内图廓线及其四角的坐标注记、外图廓线、坐标系统、高程系统、等高距、图式版本和测图时间。（图上不注记测图单位、接图表、图号、密级、直线比例尺、附注及其作业员信息等内容。）

4）上交成果

①原始数据文件（dat格式）。
②野外草图。
③dwg格式的图形文件。
④控制点表。

2. 评分细则

从竞赛过程和成果质量等方面考虑进行分类：合格成果和二类成果（不合格成果），单项被认定为二类成果，则该项竞赛项目成绩为0分。

（1）一级导线测量竞赛过程评分表

表4　一级导线测量竞赛过程评分表（15分）

| 评测内容 | 评分标准 | 扣分 | 备注 |
| --- | --- | --- | --- |
| 使用非赛会提供的全站仪 | 违规 |  | 直接取消资格 |
| 携带仪器设备（脚架、棱镜）跑步 | 警告无效，每跑一步扣1分 |  |  |
| 观测、记录按规定轮换 | 违规一次扣2分 |  |  |

续表

| 评测内容 | 评分标准 | 扣分 | 备注 |
|---|---|---|---|
| 测站重测不变换度盘或变换不合要求 | 违规一次扣2分 | | |
| 记录者引导观测者读数 | 违规一次扣1分 | | |
| 用橡皮擦手簿 | 违规 | | 二类 |
| 测站记录计算未完成就迁站 | 每出现一次扣2分 | | |
| 骑在脚架腿上观测 | 违规一次扣1分 | | |
| 记录成果转抄 | 违规一次扣2分 | | |
| 影响其他队测量 | 造成必须重测后果的扣10分 | | |
| 仪器设备 | 全站仪及棱镜摔倒落地 | 直接取消资格 | |
| 故意遮挡其他参赛队观测 | 裁判劝阻无效 | 直接取消资格 | |
| 内业计算使用非赛会提供的计算器 | 违规 | 直接取消资格 | |
| 其他违规记录 | | | |
| 合计扣分 | | | |

（2）一级导线成果质量评分表

**表5　一级导线成果质量评分表（70分）**

| | 评测内容 | 评分标准 | 处理 |
|---|---|---|---|
| 观测与记录 | 测站限差 | 同一方向各测回较差或2C互差超限 | 二类 |
| | 角度观测记录 | 角度改动秒值、连环涂改 | 二类 |
| | 距离观测记录改动厘米、毫米 | 违规 | 二类 |
| | 手簿内部写与测量数据无关内容 | 违规 | 二类 |
| | 记录规范性(8分) | 就字改字或字迹模糊，一处扣2分 | |
| | 手簿缺项或计算错误(10分) | 每出现一次扣1分 | |
| | 手簿记录空栏或空页(10分) | 空一栏扣2分，空一页5分 | |
| | 手簿划改(4分) | 非单线或者不用尺子的划线，一处扣1分 | |
| | 同一位置划改超过一次(4分) | 违规一处扣1分 | |
| | 划改后不注原因或不规范(2分) | 违规一处扣1分 | |
| 内业计算 | 方位角闭合差或相对闭合差限差 | 超限 | 二类 |
| | 平差计算 | 表格中错漏一处扣0.5分 | |
| | 坐标检查 | 与标准值比较超过±5 cm为超限，每超限1点扣2分 | |
| | 成果表 | 每错漏一点扣1分 | |
| | 计算表整洁 | 每1处非正常污迹扣0.5分 | |
| | 合计扣分 | | |

（3）二等水准测量竞赛过程评分表

**表6　二等水准测量竞赛过程评分表（15分）**

| 评测内容 | 评分标准 | 扣分 | 备注 |
|---|---|---|---|
| 使用非赛会提供的水准仪 | 违规 | | 直接取消资格 |
| 仪器箱盖未及时关好 | 违规一次扣1分 | | |
| 携带仪器设备（标尺）跑步 | 警告无效，跑一步扣1分 | | |
| 观测、记录轮换 | 违规一次扣2分 | | |
| 骑在脚架腿上观测 | 违规一次扣1分 | | |
| 测站上计算使用计算器 | 违规一次扣1分 | | |
| 非记录员参与计算 | 违规一次扣1分 | | |
| 视距测量 | 不读或者故意读错一次扣2分 | | |
| 测站记录计算未完成就迁站 | 违规一次扣2分 | | |
| 记录转抄 | 违规一次扣2分 | | |
| 违规显示高差 | 违规一次扣2分 | | |
| 使用电话、对讲机等通信工具 | 违规一次扣2分 | | |
| 故意干扰别人测量 | 造成重测后果的扣10分 | | |
| 观测记录不同步 | 违规一次扣2分 | | |
| 整测站划改 | 超过合格测站数的1/3扣5分 | | |
| 重测不变换仪器高 | 违规一次扣2分 | | |
| 观测手簿用橡皮擦 | 违规 | | 二类 |
| 仪器设备 | 水准仪及标尺摔倒落地 | | 直接取消资格 |
| 故意遮挡其他参赛队观测 | 裁判劝阻无效 | | 直接取消资格 |
| 内业计算使用非赛会提供的计算器 | 违规 | | 直接取消资格 |
| 其他违规记录 | | | |
| 合计扣分 | | | |

（4）二等水准测量成果质量评分表

**表7　二等水准测量成果质量评分表（70分）**

| 评测内容 | | 评分标准 | 扣分 | 备注 |
| --- | --- | --- | --- | --- |
| 观测与记录 | 测站数据未保存 | 违规 | | 二类 |
| | 一测站数据保存不完整（10分） | 违规一次扣5分 | | |
| | 观测记录数据与导出数据不一致（10分） | 违规一次扣2分 | | |
| | 数据文件名错误 | 违规扣5分 | | |
| | 每测段测站数为偶数 | 奇数测站 | | 二类 |
| | 测站限差 | 视线长度、视线高度、前后视距差、前后视距累计差、高差较差等超限 | | 二类 |
| | 观测记录 | 观测数据连环涂改 | | 二类 |
| | 记录手簿 | 出现与测量数据无关的文字符号等 | | 二类 |
| | 手簿记录空栏或空页（10分） | 空一栏扣2分，空一页扣5分 | | |
| | 手簿计算（10分） | 每缺少一项或错误一处扣1分 | | |
| | 记录规范性（8分） | 就字改字字迹模糊影响识读一处扣2分 | | |
| | 手簿划改不用尺子或不是单横线（4分） | 违规一处扣1分 | | |
| | 同一数据划改超过1次（4分） | 违规一处扣1分 | | |
| | 划改后不注原因或原因不规范（2分） | 一处扣0.5分 | | |
| | 手簿划改太多 | 超过有效成果记录的1/3扣5分 | | |
| 内业计算 | 水准路线闭合差 | 超限 | | 二类 |
| | 平差计算（10分） | 表格中错漏一处扣1分 | | |
| | 待定点高程检查 | 与标准值比较不超过±5 mm不超限，超限1点扣2分 | | |
| | 成果表 | 每错漏一点扣1分 | | |
| | 计算表整洁 | 非正常污迹每一处扣0.5分 | | |
| 合计扣分 | | | | |

## (5) 数字地形图测绘竞赛过程评分表

**表 8　数字地形图测绘竞赛过程评分表（15 分）**

| 评测内容 | 评分标准 | 扣分 |
|---|---|---|
| 使用非赛会提供的 GNSS-RTK 接收机 | 违规 | 直接取消资格 |
| 故意遮挡其他参赛队观测 | 不听裁判劝阻 | 直接取消资格 |
| 仪器设备摔倒落地 | | 直接取消资格 |
| 使用电话、对讲机等通信工具 | | 直接取消资格 |
| 使用非赛会提供的草图纸 | | 直接取消资格 |
| 指导教师及其他非参赛人员入场 | 出现一次扣 2 分 | |
| 采集碎部点时跑步 | 跑一次扣 1 分 | |
| 仪器设备不安全操作行为 | 每一次扣 2 分 | |
| 其他特殊情况记录 | | |
| 合计扣分 | | |

## (6) 数字地形图成果质量评分表

**表 9　数字地形图成果质量评分表（70 分）**

| 项目与分值 | 评分标准 | 扣分 |
|---|---|---|
| 点位精度(10 分) | 要求误差小于 0.3 m。检查 10 处，每超限一处扣 1 分 | |
| 边长精度(5 分) | 要求误差小于 0.2 m。检查 5 处，每超限一处扣 1 分 | |
| 高程精度(5 分) | 要求误差小于 1/3 等高距。检查 5 处，每超限一处扣 1 分 | |
| 错误或违规(10 分) | 重大错误或违规直接扣 10 分，一般性错误或违规扣 1~5 分 | |
| 完整性(20 分) | 图上内容取舍合理，主要地物漏测一处扣 1~2 分，次要地物漏测一处扣 0.2~0.5 分 | |
| 符号和注记(10 分) | 地形图符号用错一类扣 1 分，注记用错一类扣 1 分（此处"类"是指规定图式中第 3 级分类） | |
| 整饰(5 分) | 地形图整饰应符合规范要求（任意分幅，取整至 50 m，图名、测图比例尺、内图廓线及其四角的坐标注记、外图廓线、坐标系统、高程系统、等高距、图式版本和测图时间），缺、错一项扣 1 分。如图上注记测图单位、接图表、图号、密级、直线比例尺、附注及其作业员信息等内容，每多一项扣 1 分。图面如有压盖，一处扣 0.1 分 | |
| 等高线(5 分) | 未绘制等高线扣 5 分。等高线与高程矛盾，一处扣 1 分 | |
| 合计扣分 | | |

### 六、赛点提供的设施设备仪器清单

所有参赛队统一使用赛点提供的全站仪(南方 NTS-552R)及配套棱镜、电子水准仪(南方 DL2007)及配套 3 m 标尺、GNSS-RTK 接收机(南方创享)及配套手簿、计算器(CASIOfx-991CNX 中文版)、台式计算机(安装 SouthMap 2.0 软件)、工作基站(或电台)、50 m 测绳。

### 七、选手须知

#### (一)选手自带工(量)具及材料清单

脚架、尺垫(≥3 kg)、撑杆、RTK 专用对中杆、夹板等赛点未提供的竞赛工具。

温馨提示:竞赛期间可能会遇到雨天,请自备好雨具。

#### (二)主要技术规范及要求

(1)《1∶500 1∶1000 1∶2000 外业数字测图规程》GB/T 14912—2017。

(2)《国家基本比例尺地图图式第 1 部分:1∶500 1∶1000 1∶2000 地形图图式》GB/T 20257.1—2017。

(3)《国家一、二等水准测量规范》GB/T 12897—2006。

(4)《全球定位系统(GPS)测量规范》GB/T 18314—2009。

(5)《卫星导航定位基准站网络实时动态测量(RTK)规范》GB/T 39616—2020。

(6)《工程测量标准》GB 50026—2020。

(7)《测绘成果质量检查与验收》GB/T 24356—2009。

(8)《数字测绘成果质量检查与验收》GB/T 18316—2008。

(9)工程测量员国家职业技能标准(职业编码:4-08-03-04)。

(10)本赛项技术规程。

凡与上述标准不一致的内容以本赛项技术规程为准。

#### (三)选手注意事项

(1)参赛选手应认真熟悉竞赛规程,规程中注明须自备的工(量)具需自备齐全,若需要在赛点单位借用时,必须在报名时与赛点单位有关人员取得联系,说明借用的工(量)具类型及数量,原则上比赛用的仪器都必须自带。参赛选手的服装、工(量)具等不能出现任何参赛队及队员信息,比赛中不得使用任何通信工具。

(2)各参赛队在竞赛工作人员的指引下,在规定时间内到现场熟悉比赛场地,做好比赛准备。

(3)参赛选手必须在赛前 30 分钟进入比赛场地,凭身份证、学生证、参赛证到检录处检录,抽签决定工位号。开赛前 5 分钟停止检录,未能检录者,取消比赛资格。

(4)队员比赛前检查仪器设备,仪器装箱、脚架收拢置地,列队待命进入比赛场地,入场后离开赛场视为弃权或自动结束比赛。各参赛队自行决定分工、工作程序和时间安排,在指定赛位上完成竞赛准备工作。

(5)竞赛开始:由裁判宣布比赛开始,计时精确到秒。参赛队不得在上交资料上填写任何参赛队及队员信息,由裁判长对成果编号。竞赛过程中,选手必须严格遵守操作规程,确保人身和仪器设备的安全,并接受裁判的监督和警示。若因选手原因造成仪器设备故障或损坏,导致无法继续比赛的,裁判长有权终止该队比赛;若因非选手原因造成仪器设备故障,由裁判长视具体情况作出裁决;参赛者须尊重裁判,服从裁判指挥;在比赛过程中,参赛选手不得故意干扰其他队的比赛;竞赛过程中,产生重大安全事故,或有产生重大安全事故隐患,裁判可停止其比赛,并取消参赛资格和竞赛成绩。

(6)竞赛结束:各参赛队在完成外业、内业及检查工作后,由队长携成果向裁判报告,裁判计时终止,比赛结束;成果一旦提交,不得再继续参赛;若未能在规定时间内完成的,到时间后由裁判宣布时间到,参赛队不得再进行任何操作,终止比赛,收拾仪器,将仪器归位。

(7)参赛选手应严格遵守赛场规章、操作规程,保证人身及设备安全,接受裁判的监督和警示,文明竞赛。出现不服从裁判和工作人员、扰乱赛场秩序、干扰其他参赛队比赛等情况,裁判提出警告累计2次,或情节特别严重,造成竞赛中止的,经裁判长裁定后,中止该队比赛,并取消参赛资格和竞赛成绩。

(8)指导教师的所有指导工作应在竞赛前完成,比赛过程中,指导教师不得对参赛队员进行现场指导。各队参加比赛的出场顺序、路线和工位均由裁判组现场组织抽签决定。参赛选手及指导教师不得进入比赛场地内观摩,只能在外围指定地方观摩。

(9)所有选手在赛后必须参加闭幕式,如有特殊情况确实无法参加,应向领队说明情况,由领队向赛点学校提出书面申请,并报竞赛组委会办公室备案。

(10)竞赛训练用的数字测图软件(SouthMap 2.0)可与湖南南方测绘科技有限公司联系。

(11)以技能竞赛为平台,与测绘地理信息数据获取与处理等1+X职业技能等级证书相对接,在测绘地理信息职业教育领域推动实现"赛证融通、书证融通、教赛融通、产学融通"。

## 八、样题

# 2024年度湖南省职业院校技能竞赛

## 高职组资源环境与安全大类地理空间信息采集与处理赛项

【时量:330分钟,试卷号:001】

# (样卷)

场次号:_____　　机位号(工位号、顺序号):_____

2023年12月

# 2024年度湖南省职业院校技能竞赛
# 资源环境与安全大类地理空间信息采集与处理赛项
# 竞赛任务

### 任务一：一级导线测量（时量60分钟，100分）

如图1所示的单一导线，在规定时间内完成观测、记录、计算和成果整理，给定必要的起算数据，按近似平差的方法计算若干待定点的平面坐标，并提交合格成果，测算要求按赛项技术规程。

说明：参赛队现场抽签决定竞赛路线。

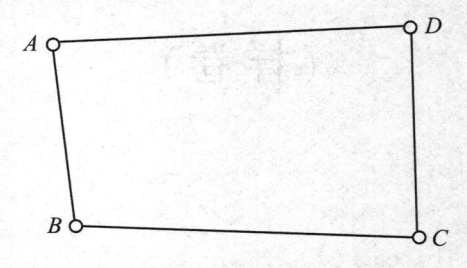

图1 一级导线测量竞赛场地示意图

### 任务二：二等水准测量（时量90分钟，100分）

如图2所示单一水准路线，在规定时间内完成观测、记录、计算和成果整理，给定必要的起算数据，按近似平差的方法计算若干待定点的高程，并提交合格成果，测算要求按竞赛规程。

说明：参赛队现场抽签点位，组成水准路线。

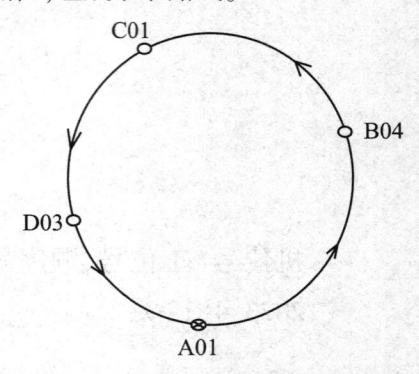

图2 二等水准测量竞赛路线示意图

**任务三：1∶500 数字测图**（时量 **180 分钟**，**100 分**）

数字测图赛场地物相对齐全，难度适中。数字测图采取 GNSS 卫星定位仪，完成赛项执委会指定区域的 1∶500 数字地图的数据采集和编辑成图。测图要求按竞赛规程。

赛项组委会为每个参赛队提供 3 个控制点。

上交成果：数据采集的原始文件、野外数据采集草图和 dwg 格式的地形图文件。

说明：参赛队现场抽签已知点组和绘图计算机编号。

如图 3 所示，其中，K01、K02、K03 为已知控制点，请利用国产 GNSS 接收机按测图要求绘制数字地形图。测图要求按赛项技术规程。

控制点坐标如下：

$K01: x = 1901.667\ m \quad y = 2880.822\ m \quad H = 170.244\ m$

$K02: x = 1802.985\ m \quad y = 2762.218\ m \quad H = 170.078\ m$

$K03: x = 1714.228\ m \quad y = 2805.325\ m \quad H = 167.969\ m$

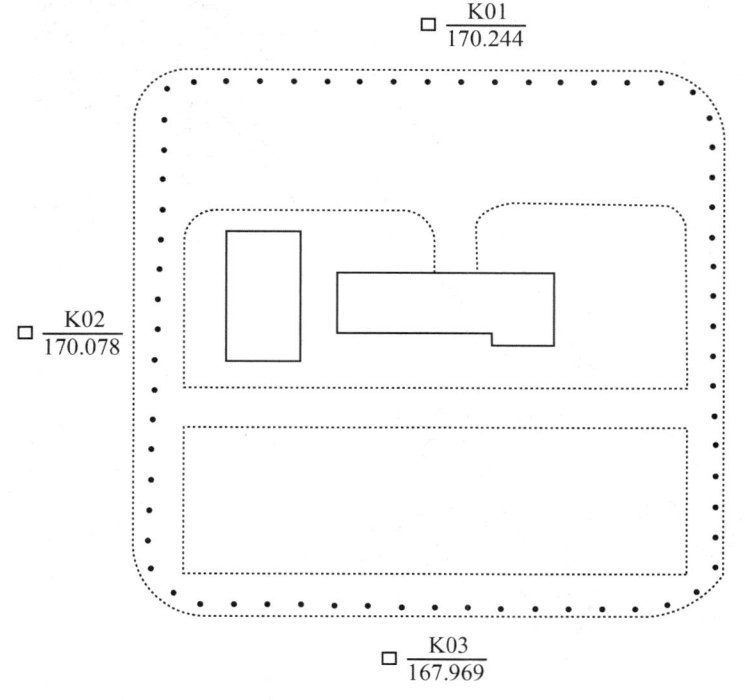

图 3 1∶500 数字测图竞赛场地示意图

# 2024 第八届一带一路暨金砖国家技能发展与技术创新大赛
# 第二届高速铁路精密测量技术赛项
## （工程放样试题）

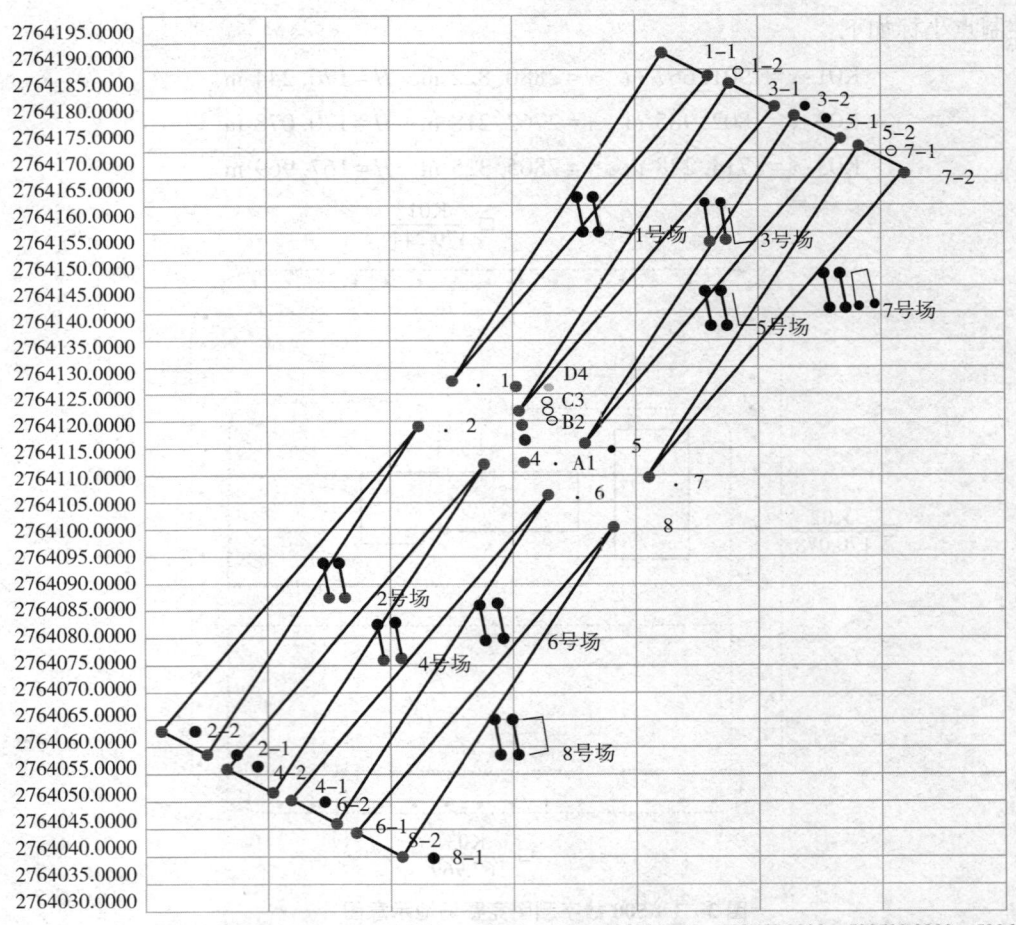

| 原控制点 N | 原控制点 E | 第二套坐标 | 第二套 N′ 控制点 | 第二套 E′ 控制点 | 第二套 N′ 答案 | 第二套 E′ 答案 |
|---|---|---|---|---|---|---|
| 2764086.9690 | 592543.3831 | 1′ | 2751946.5319 | 646622.6732 | 2751973.7330 | 646643.2473 |

续表

| 原控制点 N | 原控制点 E | 第二套坐标 | 第二套 N′ 控制点 | 第二套 E′ 控制点 | 第二套 N′ 答案 | 第二套 E′ 答案 |
|---|---|---|---|---|---|---|
| 2764148.6596 | 592576.7037 | 1-1′ | 2752007.5574 | 646657.1969 | 2751974.1533 | 646646.0156 |
| 2764144.4624 | 592583.5142 | 1-2′ | 2752003.2275 | 646663.9238 | 2751980.1113 | 646642.2811 |
| | | | | | 2751980.5296 | 646645.0497 |
| 2764146.9690 | 592577.3831 | 2′ | 2750745.7742 | 651993.9149 | 2750713.6818 | 651979.2569 |
| 2764085.2784 | 592544.0625 | 2-1′ | 2750684.8158 | 651959.2730 | 2750714.0967 | 651982.0260 |
| 2764089.4756 | 592537.2520 | 2-2′ | 2750689.1587 | 651952.5545 | 2750720.0619 | 651978.3031 |
| | | | | | 2750720.4748 | 651981.0725 |
| 2764081.9690 | 592533.3831 | 3′ | 2749411.4031 | 657282.0211 | 2749443.2880 | 657312.8151 |
| 2764143.6597 | 592566.7037 | 3-1′ | 2749472.2943 | 657316.7812 | 2749443.6975 | 657315.5850 |
| 2764139.4624 | 592573.5142 | 3-2′ | 2749467.9383 | 657323.4912 | 2749449.6700 | 657311.8737 |
| | | | | | 2749450.0775 | 657314.6439 |
| 2764151.9690 | 592579.3831 | 4′ | 2748199.5393 | 662660.8107 | 2748162.5565 | 662643.9019 |
| 2764090.2783 | 592546.0625 | 4-1′ | 2748138.7156 | 662625.9326 | 2748162.9606 | 662646.6726 |
| 2764094.4755 | 592539.2520 | 4-2′ | 2748143.0846 | 662619.2310 | 2748168.9403 | 662642.9728 |
| | | | | | 2748169.3424 | 662645.7438 |
| 2764091.9690 | 592543.3831 | 5′ | 2746849.4494 | 667951.8495 | 2746871.4920 | 667972.4971 |
| 2764153.6597 | 592576.7037 | 5-1′ | 2746910.2054 | 667986.8455 | 2746871.8907 | 667975.2686 |
| 2764149.4624 | 592583.5143 | 5-2′ | 2746905.8233 | 667993.5387 | 2746877.8776 | 667971.5805 |
| | | | | | 2746878.2743 | 667974.3522 |
| 2764141.9690 | 592573.3831 | 6′ | 2745597.1965 | 673309.3426 | 2745570.0994 | 673298.5809 |
| 2764080.2783 | 592540.0625 | 6-1′ | 2745536.5085 | 673274.2289 | 2745570.4928 | 673301.3531 |
| 2764084.4756 | 592533.2519 | 6-2′ | 2745540.9035 | 673267.5442 | 2745576.4867 | 673297.6766 |
| | | | | | 2745576.8781 | 673300.4491 |
| 2764081.9690 | 592535.3831 | 7′ | 2744226.6760 | 678593.0917 | 2744258.3836 | 678622.1331 |
| 2764143.6596 | 592568.7037 | 7-1′ | 2744287.2957 | 678628.3230 | 2744258.7716 | 678624.9060 |
| 2764139.4624 | 592575.5142 | 7-2′ | 2744282.8878 | 678634.9991 | 2744264.7727 | 678621.2412 |
| | | | | | 2744265.1587 | 678624.0144 |
| 2764156.9690 | 592581.3831 | 8′ | 2742978.1310 | 683962.4936 | 2742936.3495 | 683943.1337 |
| 2764095.2784 | 592548.0625 | 8-1′ | 2742917.5798 | 683927.1448 | 2742936.7321 | 683945.9074 |
| 2764099.4756 | 592541.2520 | 8-2′ | 2742922.0006 | 683920.4773 | 2742942.7403 | 683942.2542 |
| | | | | | 2742943.1210 | 683945.0282 |

# 工程施工放样竞赛试卷(样题)

(竞赛时长:60分钟)试卷编号:01

注意:本试题是适用场地编号:1

已知中线到底座板面距离是0.5150 m,到底座边线距离是1.400 m,超高基准1.5050 m,超高方式:内轨不变,外轨超高。根据提供的铁路曲线设计参数,完成计算和测设任务。铁路曲线资料如下(除点号和特征注明外,其余单位:m):

| 交点号 | 坐标N | 坐标E | 偏角(度-分-秒)左偏为负 右偏为正 | 曲线半径 | 前缓和曲线 | 后缓和曲线 | 起点里程 | 超高/mm |
|---|---|---|---|---|---|---|---|---|
| QD | 2762497.9985 | 592887.5953 | | | | | DK389+096.000 | |
| JD1 | 2764754.5739 | 592429.3212 | 11°43′56.0289″ | 9000 | 550 | 550 | | 110 |
| ZD | 2766635.6449 | 592437.6111 | | | | | | |

坡度表

| 序号 | 变坡点里程 | 轨面高程 | 坡率/‰ | 坡长 | 竖曲线半径 | $E$值 | $T$值 |
|---|---|---|---|---|---|---|---|
| QD | DK381+492.000 | 85.075 | −0.6000 | | | | |
| 1 | DK393+592.000 | 77.815 | 3 | 12100 | 20000 | 0.0324 | 36.0000 |
| 2 | DK398+392.000 | 92.215 | −3.6 | 4800 | 20000 | −0.1089 | 66 |
| ZD | DK400+592.000 | 84.295 | | 2200 | | | |

| 本场地第一套坐标系控制点: | | |
|---|---|---|
| 点名 | 坐标N | 坐标E |
| 测站点:1 | 2764086.9690 | 592543.3831 |
| 定向点:1-1 | 2764148.6596 | 592576.7037 |
| 检核点:1-2 | 2764144.4624 | 592583.5142 |

| 本场地第二套坐标系控制点: | | |
|---|---|---|
| 点名 | 坐标N | 坐标E |
| 测站点:1′ | 2751946.5319 | 646622.6732 |
| 检核点:1-2′ | 2752003.2275 | 646663.9238 |

| 本题目指定底座板里程: | |
|---|---|
| 点名 | 里程 |
| 底座板里程点: | DK390+744.7546 |
| 底座板里程点: | DK390+751.2046 |

注:以上单位为m;定向点与检核点采用棱镜类型:圆棱镜(棱镜常数−34.4 mm);放样采用棱镜类型:小棱镜(棱镜常数−16.9 mm)。

要求:1.试卷上不得出现任何参赛队信息和记号,违者按作弊处理。

2.试卷、计算书等必须与工程施工放样成果表一起上交裁判。

计算成果-试卷编号:01/赛场编号:1——2024-05-24 14:35:23

| 缓和曲线常数 | 缓和曲线切线角 β（度分秒） | 1°45′3″ | | | | | |
|---|---|---|---|---|---|---|---|
| | 切垂距 m | 274.9914 | | | | | |
| | 内移距 P | 1.4004 | | | | | |
| 曲线要素 | 切线长 T | 1199.8157 | | | | | |
| | 曲线长 L | 2392.8944 | | | | | |
| | 外矢距 E | 48.7850 | | | | | |
| | 切曲差 Q | 6.7370 | | | | | |
| 曲线主点 | 特征点 | 里程 | 北坐标 X | | 东坐标 Y | | |
| | 直缓点 ZH | 390198.8236 | 2763578.7603 | | 592668.1100 | | |
| | 缓圆点 HY | 390748.8236 | 2764118.8221 | | 592564.1480 | | |
| | 曲中点 QZ | 391395.2708 | 2764759.3460 | | 592477.8722 | | |
| | 圆缓点 YH | 392041.7180 | 2765404.4100 | | 592437.7866 | | |
| | 缓直点 HZ | 392591.7180 | 2765954.3780 | | 592434.6088 | | |
| 指定中桩的底座板角点 | 指定点里程 | 左单/右双 | 北坐标 X | 东坐标 Y | 高程 H | 偏移量 e | |
| | DK390+744.7546 | 1 | 2764114.5683 | 592563.4199 | 79.1661 | 0.0374 | |
| | | 2 | 2764115.0427 | 592566.1794 | 78.9625 | | |
| | DK390+751.2046 | 3 | 2764120.9264 | 592562.3289 | 79.1635 | 0.0376 | |
| | | 4 | 2764121.3988 | 592565.0887 | 78.9583 | | |

检核点检核表(第一套坐标系控制点设站)

| 检核点名 | 已知坐标/m | | 实测坐标/m | | 检核点较差/mm | | |
|---|---|---|---|---|---|---|---|
| | 北坐标 X | 东坐标 Y | 北坐标 X | 东坐标 Y | Δx | Δy | Δd |
| 1-2 | 2764144.4624 | 592583.5142 | 2764144.4608 | 592583.5165 | −1.6 | 2.3 | 2.8 |

放样点位实测坐标与理论坐标较差成果表(第二套坐标系控制点设站)

| 底座板里程 | 点号 | 理论坐标/m | | 实测坐标/m | | 放样点较差/mm | | |
|---|---|---|---|---|---|---|---|---|
| | | 北坐标 X | 东坐标 Y | 北坐标 X | 东坐标 Y | Δx | Δy | Δd |
| DK390+744.7546 | 1 | 裁判填写 | 裁判填写 | 2751973.7330 | 646643.2473 | 裁判填写 | 裁判填写 | 裁判填写 |
| | 2 | 裁判填写 | 裁判填写 | 2751974.1533 | 646646.0156 | 裁判填写 | 裁判填写 | 裁判填写 |
| DK390+751.2046 | 3 | 裁判填写 | 裁判填写 | 2751980.1113 | 646642.2811 | 裁判填写 | 裁判填写 | 裁判填写 |
| | 4 | 裁判填写 | 裁判填写 | 2751980.5296 | 646645.0497 | 裁判填写 | 裁判填写 | 裁判填写 |

备注:计算结果较差±2 mm 之内视为正确;缓和曲线切线角计算结果取位至秒,计算结果较差±2″之内视为正确。除了点号及特别标注之外,其他至少精确到0.0001 m。

# 工程施工放样竞赛试卷(样题)

(竞赛时长:60分钟)试卷编号:01
注意:本试题是适用场地编号:2

已知中线到底座板面距离是 0.5150 m,到底座边线距离是 1.400 m,超高基准 1.5050 m,超高方式:内轨不变,外轨超高。根据提供的铁路曲线设计参数,完成计算和测设任务。铁路曲线资料如下(除点号和特征注明外,其余单位:m):

| 交点号 | 坐标 N | 坐标 E | 偏角(度-分-秒)<br>左偏为负<br>右偏为正 | 曲线半径 | 前缓和曲线 | 后缓和曲线 | 起点里程 | 超高/mm |
|---|---|---|---|---|---|---|---|---|
| QD | 2762497.9985 | 592887.5953 | | | | | DK389+096.000 | |
| JD1 | 2764754.5739 | 592429.3212 | 11°43′56.0289″ | 9000 | 550 | 550 | | 110 |
| ZD | 2766635.6449 | 592437.6111 | | | | | | |

坡度表

| 序号 | 变坡点里程 | 轨面高程 | 坡率/‰ | 坡长 | 竖曲线半径 | $E$ 值 | $T$ 值 |
|---|---|---|---|---|---|---|---|
| QD | DK381+492.000 | 85.075 | −0.6000 | | | | |
| 1 | DK393+592.000 | 77.815 | 3 | 12100 | 20000 | 0.0324 | 36.0000 |
| 2 | DK398+392.000 | 92.215 | −3.6 | 4800 | 20000 | −0.1089 | 66 |
| ZD | DK400+592.000 | 84.295 | | 2200 | | | |

| 本场地第一套坐标系控制点: | | |
|---|---|---|
| 点名 | 坐标 N | 坐标 E |
| 测站点:2 | 2764146.9690 | 592577.3831 |
| 定向点:2-1 | 2764085.2784 | 592544.0625 |
| 检核点:2-2 | 2764089.4756 | 592537.2520 |

| 本场地第二套坐标系控制点: | | |
|---|---|---|
| 点名 | 坐标 N | 坐标 E |
| 测站点:2′ | 2750745.7742 | 651993.9149 |
| 检核点:2-2′ | 2750689.1587 | 651952.5545 |

| 本题目指定底座板里程: | |
|---|---|
| 点名 | 里程 |
| 底座板里程点 | DK390+744.7546 |
| 底座板里程点 | DK390+751.2046 |

注:以上单位为 m;定向点与检核点采用棱镜类型:圆棱镜(棱镜常数-34.4 mm);放样采用棱镜类型:小棱镜(棱镜常数-16.9 mm)。

要求:1.试卷上不得出现任何参赛队信息和记号,违者按作弊处理。
2.试卷、计算书等必须与工程施工放样成果表一起上交裁判。

| 计算成果-试卷编号:01/赛场编号:2——2024-05-24  14:35:23 ||||||||
|---|---|---|---|---|---|---|---|
| 缓和曲线常数 | 缓和曲线切线角 β（度分秒） | 1°45′3″ |||||||
| | 切垂距 m | 274.9914 |||||||
| | 内移距 P | 1.4004 |||||||
| 曲线要素 | 切线长 T | 1199.8157 |||||||
| | 曲线长 L | 2392.8944 |||||||
| | 外矢距 E | 48.7850 |||||||
| | 切曲差 Q | 6.7370 |||||||
| 曲线主点 | 特征点 | 里程 | 北坐标 X | 东坐标 Y ||||
| | 直缓点 ZH | 390198.8236 | 2763578.7603 | 592668.1100 ||||
| | 缓圆点 HY | 390748.8236 | 2764118.8221 | 592564.1480 ||||
| | 曲中点 QZ | 391395.2708 | 2764759.3460 | 592477.8722 ||||
| | 圆缓点 YH | 392041.7180 | 2765404.4100 | 592437.7866 ||||
| | 缓直点 HZ | 392591.7180 | 2765954.3780 | 592434.6088 ||||
| 指定中桩的底座角点 | 指定点里程 | 左单/右双 | 北坐标 X | 东坐标 Y | 高程 H | 偏移量 e ||
| | DK390+744.7546 | 1 | 2764114.5683 | 592563.4199 | 79.1661 | 0.0374 ||
| | | 2 | 2764115.0427 | 592566.1794 | 78.9625 | ||
| | DK390+751.2046 | 3 | 2764120.9264 | 592562.3289 | 79.1635 | 0.0376 ||
| | | 4 | 2764121.3988 | 592565.0887 | 78.9583 | ||
| 检核点检核表(第一套坐标系控制点设站) ||||||||
| 检核点名 | 已知坐标/m || 实测坐标/m || 检核点较差/mm |||
| | 北坐标 X | 东坐标 Y | 北坐标 X | 东坐标 Y | Δx | Δy | Δd |
| 2-2 | 2764089.4756 | 592537.2520 | 2764089.4740 | 592537.2543 | −1.6 | 2.3 | 2.8 |
| 放样点位实测坐标与理论坐标较差成果表(第二套坐标系控制点设站) ||||||||
| 底座板里程 | 点号 | 理论坐标/m || 实测坐标/m || 放样点较差/mm ||
| | | 北坐标 X | 东坐标 Y | 北坐标 X | 东坐标 Y | Δx | Δy | Δd |
| DK390+744.7546 | 1 | 裁判填写 | 裁判填写 | 2750713.6818 | 651979.2569 | 裁判填写 | 裁判填写 | 裁判填写 |
| | 2 | 裁判填写 | 裁判填写 | 2750714.0967 | 651982.0260 | 裁判填写 | 裁判填写 | 裁判填写 |
| DK390+751.2046 | 3 | 裁判填写 | 裁判填写 | 2750720.0619 | 651978.3031 | 裁判填写 | 裁判填写 | 裁判填写 |
| | 4 | 裁判填写 | 裁判填写 | 2750720.4748 | 651981.0725 | 裁判填写 | 裁判填写 | 裁判填写 |
| 备注:计算结果较差±2 mm 之内视为正确;缓和曲线切线角计算结果取位至秒,计算结果较差±2″之内视为正确。除了点号及特别标注之外,其他至少精确到 0.0001 m。 ||||||||

# 工程施工放样竞赛试卷(样题)

(竞赛时长:60 分钟)试卷编号:01

注意:本试题是适用场地编号:3

已知中线到底座板面距离是 0.5150 m,到底座边线距离是 1.400 m,超高基准 1.5050 m,超高方式:内轨不变,外轨超高。根据提供的铁路曲线设计参数,完成计算和测设任务。铁路曲线资料如下(除点号和特征注明外,其余单位:m):

| 交点号 | 坐标 N | 坐标 E | 偏角(度-分-秒)左偏为负右偏为正 | 曲线半径 | 前缓和曲线 | 后缓和曲线 | 起点里程 | 超高/mm |
|---|---|---|---|---|---|---|---|---|
| QD | 2762497.9985 | 592887.5953 | | | | | DK389+096.000 | |
| JD1 | 2764754.5739 | 592429.3212 | 11°43′56.0289″ | 9000 | 550 | 550 | | 110 |
| ZD | 2766635.6449 | 592437.6111 | | | | | | |

| 坡度表 ||||||||
|---|---|---|---|---|---|---|---|
| 序号 | 变坡点里程 | 轨面高程 | 坡率/‰ | 坡长 | 竖曲线半径 | $E$ 值 | $T$ 值 |
| QD | DK381+492.000 | 85.075 | −0.6000 | | | | |
| 1 | DK393+592.000 | 77.815 | 3 | 12100 | 20000 | 0.0324 | 36.0000 |
| 2 | DK398+392.000 | 92.215 | −3.6 | 4800 | 20000 | −0.1089 | 66 |
| ZD | DK400+592.000 | 84.295 | | 2200 | | | |

| 本场地第一套坐标系控制点: |||
|---|---|---|
| 点名 | 坐标 N | 坐标 E |
| 测站点:3 | 2764081.9690 | 592533.3831 |
| 定向点:3-1 | 2764143.6597 | 592566.7037 |
| 检核点:3-2 | 2764139.4624 | 592573.5142 |

| 本场地第二套坐标系控制点: |||
|---|---|---|
| 点名 | 坐标 N | 坐标 E |
| 测站点:3′ | 2749411.4031 | 657282.0211 |
| 检核点:3-2′ | 2749467.9383 | 657323.4912 |

| 本题目指定底座板里程: ||
|---|---|
| 点名 | 里程 |
| 底座板里程点: | DK390+744.7546 |
| 底座板里程点: | DK390+751.2046 |

注:以上单位为 m;定向点与检核点采用棱镜类型:圆棱镜(棱镜常数−34.4 mm);放样采用棱镜类型:小棱镜(棱镜常数−16.9 mm)。

要求:1.试卷上不得出现任何参赛队信息和记号,违者按作弊处理。

2.试卷、计算书等必须与工程施工放样成果表一起上交裁判。

计算成果-试卷编号:01/赛场编号:3——2024-05-24 14:35:23

| 缓和曲线常数 | 缓和曲线切线角 β（度分秒） | 1°45′3″ | | | | | |
|---|---|---|---|---|---|---|---|
| | 切垂距 m | 274.9914 | | | | | |
| | 内移距 P | 1.4004 | | | | | |
| 曲线要素 | 切线长 T | 1199.8157 | | | | | |
| | 曲线长 L | 2392.8944 | | | | | |
| | 外矢距 E | 48.7850 | | | | | |
| | 切曲差 Q | 6.7370 | | | | | |
| 曲线主点 | 特征点 | 里程 | 北坐标 X | | 东坐标 Y | | |
| | 直缓点 ZH | 390198.8236 | 2763578.7603 | | 592668.1100 | | |
| | 缓圆点 HY | 390748.8236 | 2764118.8221 | | 592564.1480 | | |
| | 曲中点 QZ | 391395.2708 | 2764759.3460 | | 592477.8722 | | |
| | 圆缓点 YH | 392041.7180 | 2765404.4100 | | 592437.7866 | | |
| | 缓直点 HZ | 392591.7180 | 2765954.3780 | | 592434.6088 | | |
| 指定中桩的底座板角点 | 指定点里程 | 左单/右双 | 北坐标 X | 东坐标 Y | 高程 H | 偏移量 e | |
| | DK390+744.7546 | 1 | 2764114.5683 | 592563.4199 | 79.1661 | 0.0374 | |
| | | 2 | 2764115.0427 | 592566.1794 | 78.9625 | | |
| | DK390+751.2046 | 3 | 2764120.9264 | 592562.3289 | 79.1635 | 0.0376 | |
| | | 4 | 2764121.3988 | 592565.0887 | 78.9583 | | |
| 检核点检核表(第一套坐标系控制点设站) | | | | | | | |
| 检核点名 | 已知坐标/m | | 实测坐标/m | | 检核点较差/mm | | |
| | 北坐标 X | 东坐标 Y | 北坐标 X | 东坐标 Y | Δx | Δy | Δd |
| 3-2 | 2764139.4624 | 592573.5142 | 2764139.4608 | 592573.5165 | −1.6 | 2.3 | 2.8 |
| 放样点位实测坐标与理论坐标较差成果表(第二套坐标系控制点设站) | | | | | | | |
| 底座板里程 | 点号 | 理论坐标/m | | 实测坐标/m | | 放样点较差/mm | |
| | | 北坐标 X | 东坐标 Y | 北坐标 X | 东坐标 Y | Δx | Δy | Δd |
| DK390+744.7546 | 1 | 裁判填写 | 裁判填写 | 2749443.2880 | 657312.8151 | 裁判填写 | 裁判填写 | 裁判填写 |
| | 2 | 裁判填写 | 裁判填写 | 2749443.6975 | 657315.5850 | 裁判填写 | 裁判填写 | 裁判填写 |
| DK390+751.2046 | 3 | 裁判填写 | 裁判填写 | 2749449.6700 | 657311.8737 | 裁判填写 | 裁判填写 | 裁判填写 |
| | 4 | 裁判填写 | 裁判填写 | 2749450.0775 | 657314.6439 | 裁判填写 | 裁判填写 | 裁判填写 |

备注:计算结果较差±2 mm 之内视为正确;缓和曲线切线角计算结果取位至秒,计算结果较差±2″之内视为正确。除了点号及特别标注之外,其他至少精确到 0.0001 m。

# 工程施工放样竞赛试卷(样题)

(竞赛时长:60分钟)试卷编号:01

注意:本试题是适用场地编号:4

已知中线到底座板面距离是 0.5150 m, 到底座边线距离是 1.400 m, 超高基准 1.5050 m, 超高方式:内轨不变, 外轨超高。根据提供的铁路曲线设计参数, 完成计算和测设任务。铁路曲线资料如下(除点号和特征注明外, 其余单位:m):

| 交点号 | 坐标 N | 坐标 E | 偏角(度-分-秒)<br>左偏为负<br>右偏为正 | 曲线半径 | 前缓和曲线 | 后缓和曲线 | 起点里程 | 超高/mm |
|---|---|---|---|---|---|---|---|---|
| QD | 2762497.9985 | 592887.5953 | | | | | DK389+096.000 | |
| JD1 | 2764754.5739 | 592429.3212 | 11°43′56.0289″ | 9000 | 550 | 550 | | 110 |
| ZD | 2766635.6449 | 592437.6111 | | | | | | |

| 坡度表 | | | | | | | |
|---|---|---|---|---|---|---|---|
| 序号 | 变坡点里程 | 轨面高程 | 坡率/‰ | 坡长 | 竖曲线半径 | $E$ 值 | $T$ 值 |
| QD | DK381+492.000 | 85.075 | −0.6000 | | | | |
| 1 | DK393+592.000 | 77.815 | 3 | 12100 | 20000 | 0.0324 | 36.0000 |
| 2 | DK398+392.000 | 92.215 | −3.6 | 4800 | 20000 | −0.1089 | 66 |
| ZD | DK400+592.000 | 84.295 | | 2200 | | | |

本场地第一套坐标系控制点:

| 点名 | 坐标 N | 坐标 E |
|---|---|---|
| 测站点:4 | 2764151.9690 | 592579.3831 |
| 定向点:4-1 | 2764090.2783 | 592546.0625 |
| 检核点:4-2 | 2764094.4755 | 592539.2520 |

本题目指定底座板里程:

| 点名 | 里程 |
|---|---|
| 底座板里程点: | DK390+744.7546 |
| 底座板里程点: | DK390+751.2046 |

本场地第二套坐标系控制点:

| 点名 | 坐标 N | 坐标 E |
|---|---|---|
| 测站点:4′ | 2748199.5393 | 662660.8107 |
| 检核点:4-2′ | 2748143.0846 | 662619.2310 |

注:以上单位为 m;定向点与检核点采用棱镜类型:圆棱镜(棱镜常数−34.4 mm);放样采用棱镜类型:小棱镜(棱镜常数−16.9 mm)。

要求:1.试卷上不得出现任何参赛队信息和记号,违者按作弊处理。

2.试卷、计算书等必须与工程施工放样成果表一起上交裁判。

| 计算成果-试卷编号:01/赛场编号:4——2024-05-24 14:35:23 ||||||||||
|---|---|---|---|---|---|---|---|---|---|
| 缓和曲线常数 | 缓和曲线切线角 $\beta$（度分秒） | 1°45′3″ |||||||||
| | 切垂距 $m$ | 274.9914 |||||||||
| | 内移距 $P$ | 1.4004 |||||||||
| 曲线要素 | 切线长 $T$ | 1199.8157 |||||||||
| | 曲线长 $L$ | 2392.8944 |||||||||
| | 外矢距 $E$ | 48.7850 |||||||||
| | 切曲差 $Q$ | 6.7370 |||||||||
| 曲线主点 | 特征点 | 里程 | 北坐标 $X$ | 东坐标 $Y$ |||||||
| | 直缓点 ZH | 390198.8236 | 2763578.7603 | 592668.1100 |||||||
| | 缓圆点 HY | 390748.8236 | 2764118.8221 | 592564.1480 |||||||
| | 曲中点 QZ | 391395.2708 | 2764759.3460 | 592477.8722 |||||||
| | 圆缓点 YH | 392041.7180 | 2765404.4100 | 592437.7866 |||||||
| | 缓直点 HZ | 392591.7180 | 2765954.3780 | 592434.6088 |||||||
| 指定中桩的底座板角点 | 指定点里程 | 左单/右双 | 北坐标 $X$ | 东坐标 $Y$ | 高程 $H$ | 偏移量 $e$ |||||
| | DK390+744.7546 | 1 | 2764114.5683 | 592563.4199 | 79.1661 | 0.0374 |||||
| | | 2 | 2764115.0427 | 592566.1794 | 78.9625 | |||||
| | DK390+751.2046 | 3 | 2764120.9264 | 592562.3289 | 79.1635 | 0.0376 |||||
| | | 4 | 2764121.3988 | 592565.0887 | 78.9583 | |||||
| 检核点检核表（第一套坐标系控制点设站） ||||||||||
| 检核点名 | 已知坐标/m || 实测坐标/m || 检核点较差/mm ||||||
| | 北坐标 $X$ | 东坐标 $Y$ | 北坐标 $X$ | 东坐标 $Y$ | $\Delta x$ | $\Delta y$ | $\Delta d$ ||||
| 4-2 | 2764094.4755 | 592539.2520 | 2764094.4739 | 592539.2543 | −1.6 | 2.3 | 2.8 ||||
| 放样点位实测坐标与理论坐标较差成果表（第二套坐标系控制点设站） ||||||||||
| 底座板里程 | 点号 | 理论坐标/m || 实测坐标/m || 放样点较差/mm ||||
| | | 北坐标 $X$ | 东坐标 $Y$ | 北坐标 $X$ | 东坐标 $Y$ | $\Delta x$ | $\Delta y$ | $\Delta d$ ||
| DK390+744.7546 | 1 | 裁判填写 | 裁判填写 | 2748162.5565 | 662643.9019 | 裁判填写 | 裁判填写 | 裁判填写 ||
| | 2 | 裁判填写 | 裁判填写 | 2748162.9606 | 662646.6726 | 裁判填写 | 裁判填写 | 裁判填写 ||
| DK390+751.2046 | 3 | 裁判填写 | 裁判填写 | 2748168.9403 | 662642.9728 | 裁判填写 | 裁判填写 | 裁判填写 ||
| | 4 | 裁判填写 | 裁判填写 | 2748169.3424 | 662645.7438 | 裁判填写 | 裁判填写 | 裁判填写 ||
| 备注：计算结果较差±2 mm 之内视为正确；缓和曲线切线角计算结果取位至秒，计算结果较差±2″之内视为正确。除了点号及特别标注之外，其他至少精确到 0.0001 m。 ||||||||||

# 工程施工放样竞赛试卷(样题)

(竞赛时长:60分钟)试卷编号:01

注意:本试题是适用场地编号:5

已知中线到底座板面距离是 0.5150 m,到底座边线距离是 1.400 m,超高基准 1.5050 m,超高方式:内轨不变,外轨超高。根据提供的铁路曲线设计参数,完成计算和测设任务。铁路曲线资料如下(除点号和特征注明外,其余单位:m):

| 交点号 | 坐标 N | 坐标 E | 偏角(度-分-秒)左偏为负右偏为正 | 曲线半径 | 前缓和曲线 | 后缓和曲线 | 起点里程 | 超高/mm |
|---|---|---|---|---|---|---|---|---|
| QD | 2762497.9985 | 592887.5953 | | | | | DK389+096.000 | |
| JD1 | 2764754.5739 | 592429.3212 | 11°43′56.0289″ | 9000 | 550 | 550 | | 110 |
| ZD | 2766635.6449 | 592437.6111 | | | | | | |

坡度表

| 序号 | 变坡点里程 | 轨面高程 | 坡率/‰ | 坡长 | 竖曲线半径 | E 值 | T 值 |
|---|---|---|---|---|---|---|---|
| QD | DK381+492.000 | 85.075 | −0.6000 | | | | |
| 1 | DK393+592.000 | 77.815 | 3 | 12100 | 20000 | 0.0324 | 36.0000 |
| 2 | DK398+392.000 | 92.215 | −3.6 | 4800 | 20000 | −0.1089 | 66 |
| ZD | DK400+592.000 | 84.295 | | 2200 | | | |

本场地第一套坐标系控制点:

| 点名 | 坐标 N | 坐标 E |
|---|---|---|
| 测站点:5 | 2764091.9690 | 592543.3831 |
| 定向点:5-1 | 2764153.6597 | 592576.7037 |
| 检核点:5-2 | 2764149.4624 | 592583.5143 |

本场地第二套坐标系控制点:

| 点名 | 坐标 N | 坐标 E |
|---|---|---|
| 测站点:5′ | 2746849.4494 | 667951.8495 |
| 检核点:5-2′ | 2746905.8233 | 667993.5387 |

本题目指定底座板里程:

| 点名 | 里程 |
|---|---|
| 底座板里程点: | DK390+744.7546 |
| 底座板里程点: | DK390+751.2046 |

注:以上单位为 m;定向点与检核点采用棱镜类型:圆棱镜(棱镜常数−34.4 mm);放样采用棱镜类型:小棱镜(棱镜常数−16.9 mm)。

要求:1.试卷上不得出现任何参赛队信息和记号,违者按作弊处理。

2.试卷、计算书等必须与工程施工放样成果表一起上交裁判。

| 计算成果-试卷编号:01/赛场编号:5——2024-05-24 14:35:23 ||||||||
|---|---|---|---|---|---|---|---|
| 缓和曲线常数 | 缓和曲线切线角 β（度分秒） | 1°45′03″ |||||||
| | 切垂距 m | 274.9914 |||||||
| | 内移距 P | 1.4004 |||||||
| 曲线要素 | 切线长 T | 1199.8157 |||||||
| | 曲线长 L | 2392.8944 |||||||
| | 外矢距 E | 48.7850 |||||||
| | 切曲差 Q | 6.7370 |||||||
| 曲线主点 | 特征点 | 里程 | 北坐标 X | 东坐标 Y ||||
| | 直缓点 ZH | 390198.8236 | 2763578.7603 | 592668.1100 ||||
| | 缓圆点 HY | 390748.8236 | 2764118.8221 | 592564.1480 ||||
| | 曲中点 QZ | 391395.2708 | 2764759.3460 | 592477.8722 ||||
| | 圆缓点 YH | 392041.7180 | 2765404.4100 | 592437.7866 ||||
| | 缓直点 HZ | 392591.7180 | 2765954.3780 | 592434.6088 ||||
| 指定中桩的底座板角点 | 指定点里程 | 左单/右双 | 北坐标 X | 东坐标 Y | 高程 H | 偏移量 e ||
| | DK390+744.7546 | 1 | 2764114.5683 | 592563.4199 | 79.1661 | 0.0374 ||
| | | 2 | 2764115.0427 | 592566.1794 | 78.9625 | ||
| | DK390+751.2046 | 3 | 2764120.9264 | 592562.3289 | 79.1635 | 0.0376 ||
| | | 4 | 2764121.3988 | 592565.0887 | 78.9583 | ||
| 检核点检核表（第一套坐标系控制点设站） ||||||||
| 检核点名 | 已知坐标/m || 实测坐标/m || 检核点较差/mm |||
| | 北坐标 X | 东坐标 Y | 北坐标 X | 东坐标 Y | Δx | Δy | Δd |
| 5-2 | 2764149.4624 | 592583.5143 | 2764149.4608 | 592583.5166 | −1.6 | 2.3 | 2.8 |
| 放样点位实测坐标与理论坐标较差成果表（第二套坐标系控制点设站） ||||||||
| 底座板里程 | 点号 | 理论坐标/m || 实测坐标/m || 放样点较差/mm ||
| | | 北坐标 X | 东坐标 Y | 北坐标 X | 东坐标 Y | Δx | Δy | Δd |
| DK390+744.7546 | 1 | 裁判填写 | 裁判填写 | 2746871.4920 | 667972.4971 | 裁判填写 | 裁判填写 | 裁判填写 |
| | 2 | 裁判填写 | 裁判填写 | 2746871.8907 | 667975.2686 | 裁判填写 | 裁判填写 | 裁判填写 |
| DK390+751.2046 | 3 | 裁判填写 | 裁判填写 | 2746877.8776 | 667971.5805 | 裁判填写 | 裁判填写 | 裁判填写 |
| | 4 | 裁判填写 | 裁判填写 | 2746878.2743 | 667974.3522 | 裁判填写 | 裁判填写 | 裁判填写 |
| 备注:计算结果较差±2 mm 之内视为正确;缓和曲线切线角计算结果取位至秒,计算结果较差±2″之内视为正确。除了点号及特别标注之外,其他至少精确到 0.0001 m。 ||||||||

# 工程施工放样竞赛试卷(样题)

(竞赛时长:60分钟)试卷编号:01

注意:本试题是适用场地编号:6

已知中线到底座板面距离是 0.5150 m,到底座边线距离是 1.400 m,超高基准 1.5050 m,超高方式:内轨不变,外轨超高。根据提供的铁路曲线设计参数,完成计算和测设任务。铁路曲线资料如下(除点号和特征注明外,其余单位:m):

| 交点号 | 坐标 N | 坐标 E | 偏角(度-分-秒)左偏为负右偏为正 | 曲线半径 | 前缓和曲线 | 后缓和曲线 | 起点里程 | 超高/mm |
|---|---|---|---|---|---|---|---|---|
| QD | 2762497.9985 | 592887.5953 | | | | | DK389+096.000 | |
| JD1 | 2764754.5739 | 592429.3212 | 11°43′56.0289″ | 9000 | 550 | 550 | | 110 |
| ZD | 2766635.6449 | 592437.6111 | | | | | | |

| 坡度表 | | | | | | | |
|---|---|---|---|---|---|---|---|
| 序号 | 变坡点里程 | 轨面高程 | 坡率/‰ | 坡长 | 竖曲线半径 | $E$ 值 | $T$ 值 |
| QD | DK381+492.000 | 85.075 | −0.6000 | | | | |
| 1 | DK393+592.000 | 77.815 | 3 | 12100 | 20000 | 0.0324 | 36.0000 |
| 2 | DK398+392.000 | 92.215 | −3.6 | 4800 | 20000 | −0.1089 | 66 |
| ZD | DK400+592.000 | 84.295 | | 2200 | | | |

| 本场地第一套坐标系控制点: | | |
|---|---|---|
| 点名 | 坐标 N | 坐标 E |
| 测站点:6 | 2764141.9690 | 592573.3831 |
| 定向点:6-1 | 2764080.2783 | 592540.0625 |
| 检核点:6-2 | 2764084.4756 | 592533.2519 |

| 本场地第二套坐标系控制点: | | |
|---|---|---|
| 点名 | 坐标 N | 坐标 E |
| 测站点:6′ | 2745597.1965 | 673309.3426 |
| 检核点:6-2′ | 2745540.9035 | 673267.5442 |

| 本题目指定底座板里程: | |
|---|---|
| 点名 | 里程 |
| 底座板里程点: | DK390+744.7546 |
| 底座板里程点: | DK390+751.2046 |

注:以上单位为 m;定向点与检核点采用棱镜类型:圆棱镜(棱镜常数−34.4 mm);放样采用棱镜类型:小棱镜(棱镜常数−16.9 mm)。

要求:1.试卷上不得出现任何参赛队信息和记号,违者按作弊处理。

2.试卷、计算书等必须与工程施工放样成果表一起上交裁判。

计算成果-试卷编号:01/赛场编号:6——2024-05-24 14:35:23

| 缓和曲线常数 | 缓和曲线切线角 $\beta$（度分秒） | 1°45′3″ | | | | | |
|---|---|---|---|---|---|---|---|
| | 切垂距 $m$ | 274.9914 | | | | | |
| | 内移距 $P$ | 1.4004 | | | | | |
| 曲线要素 | 切线长 $T$ | 1199.8157 | | | | | |
| | 曲线长 $L$ | 2392.8944 | | | | | |
| | 外矢距 $E$ | 48.7850 | | | | | |
| | 切曲差 $Q$ | 6.7370 | | | | | |
| 曲线主点 | 特征点 | 里程 | 北坐标 $X$ | | 东坐标 $Y$ | | |
| | 直缓点 ZH | 390198.8236 | 2763578.7603 | | 592668.1100 | | |
| | 缓圆点 HY | 390748.8236 | 2764118.8221 | | 592564.1480 | | |
| | 曲中点 QZ | 391395.2708 | 2764759.3460 | | 592477.8722 | | |
| | 圆缓点 YH | 392041.7180 | 2765404.4100 | | 592437.7866 | | |
| | 缓直点 HZ | 392591.7180 | 2765954.3780 | | 592434.6088 | | |
| 指定中桩的底座板角点 | 指定点里程 | 左单/右双 | 北坐标 $X$ | 东坐标 $Y$ | 高程 $H$ | 偏移量 $e$ | |
| | DK390+744.7546 | 1 | 2764114.5683 | 592563.4199 | 79.1661 | 0.0374 | |
| | | 2 | 2764115.0427 | 592566.1794 | 78.9625 | | |
| | DK390+751.2046 | 3 | 2764120.9264 | 592562.3289 | 79.1635 | 0.0376 | |
| | | 4 | 2764121.3988 | 592565.0887 | 78.9583 | | |
| 检核点检核表(第一套坐标系控制点设站) | | | | | | | |
| 检核点名 | 已知坐标/m | | 实测坐标/m | | 检核点较差/mm | | |
| | 北坐标 $X$ | 东坐标 $Y$ | 北坐标 $X$ | 东坐标 $Y$ | $\Delta x$ | $\Delta y$ | $\Delta d$ |
| 6-2 | 2764084.4756 | 592533.2519 | 2764084.4740 | 592533.2542 | −1.6 | 2.3 | 2.8 |
| 放样点位实测坐标与理论坐标较差成果表(第二套坐标系控制点设站) | | | | | | | |
| 底座板里程 | 点号 | 理论坐标/m | | 实测坐标/m | | 放样点较差/mm | |
| | | 北坐标 $X$ | 东坐标 $Y$ | 北坐标 $X$ | 东坐标 $Y$ | $\Delta x$ | $\Delta y$ | $\Delta d$ |
| DK390+744.7546 | 1 | 裁判填写 | 裁判填写 | 2745570.0994 | 673298.5809 | 裁判填写 | 裁判填写 | 裁判填写 |
| | 2 | 裁判填写 | 裁判填写 | 2745570.4928 | 673301.3531 | 裁判填写 | 裁判填写 | 裁判填写 |
| DK390+751.2046 | 3 | 裁判填写 | 裁判填写 | 2745576.4867 | 673297.6766 | 裁判填写 | 裁判填写 | 裁判填写 |
| | 4 | 裁判填写 | 裁判填写 | 2745576.8781 | 673300.4491 | 裁判填写 | 裁判填写 | 裁判填写 |

备注:计算结果较差±2 mm 之内视为正确;缓和曲线切线角计算结果取位至秒,计算结果较差±2″之内视为正确。除了点号及特别标注之外,其他至少精确到 0.0001 m。

# 工程施工放样竞赛试卷(样题)

(竞赛时长:60分钟)试卷编号:01
注意:本试题是适用场地编号:7

已知中线到底座板面距离是 0.5150 m,到底座边线距离是 1.400 m,超高基准 1.5050 m,超高方式:内轨不变,外轨超高。根据提供的铁路曲线设计参数,完成计算和测设任务。铁路曲线资料如下(除点号和特征注明外,其余单位:m):

| 交点号 | 坐标 N | 坐标 E | 偏角(度-分-秒)左偏为负 右偏为正 | 曲线半径 | 前缓和曲线 | 后缓和曲线 | 起点里程 | 超高/mm |
|---|---|---|---|---|---|---|---|---|
| QD | 2762497.9985 | 592887.5953 |  |  |  |  | DK389+096.000 |  |
| JD1 | 2764754.5739 | 592429.3212 | 11°43′56.0289″ | 9000 | 550 | 550 |  | 110 |
| ZD | 2766635.6449 | 592437.6111 |  |  |  |  |  |  |

| 坡度表 | | | | | | | |
|---|---|---|---|---|---|---|---|
| 序号 | 变坡点里程 | 轨面高程 | 坡率/‰ | 坡长 | 竖曲线半径 | E 值 | T 值 |
| QD | DK381+492.000 | 85.075 | −0.6000 |  |  |  |  |
| 1 | DK393+592.000 | 77.815 | 3 | 12100 | 20000 | 0.0324 | 36.0000 |
| 2 | DK398+392.000 | 92.215 | −3.6 | 4800 | 20000 | −0.1089 | 66 |
| ZD | DK400+592.000 | 84.295 |  | 2200 |  |  |  |

本场地第一套坐标系控制点:

| 点名 | 坐标 N | 坐标 E |
|---|---|---|
| 测站点:7 | 2764081.9690 | 592535.3831 |
| 定向点:7-1 | 2764143.6596 | 592568.7037 |
| 检核点:7-2 | 2764139.4624 | 592575.5142 |

本场地第二套坐标系控制点:

| 点名 | 坐标 N | 坐标 E |
|---|---|---|
| 测站点:7′ | 2744226.6760 | 678593.0917 |
| 检核点:7-2′ | 2744282.8878 | 678634.9991 |

本题目指定底座板里程:

| 点名 | 里程 |
|---|---|
| 底座板里程点: | DK390+744.7546 |
| 底座板里程点: | DK390+751.2046 |

注:以上单位为 m;定向点与检核点采用棱镜类型:圆棱镜(棱镜常数−34.4 mm);放样采用棱镜类型:小棱镜(棱镜常数−16.9 mm)。

要求:1.试卷上不得出现任何参赛队信息和记号,违者按作弊处理。
2.试卷、计算书等必须与工程施工放样成果表一起上交裁判。

| 计算成果-试卷编号:01/赛场编号:7——2024-05-24 14:35:23 ||||||||
|---|---|---|---|---|---|---|---|
| 缓和曲线常数 | 缓和曲线切线角β（度分秒） | 1°45′3″ |||||||
| | 切垂距 m | 274.9914 |||||||
| | 内移距 P | 1.4004 |||||||
| 曲线要素 | 切线长 T | 1199.8157 |||||||
| | 曲线长 L | 2392.8944 |||||||
| | 外矢距 E | 48.7850 |||||||
| | 切曲差 Q | 6.7370 |||||||

| | 特征点 | 里程 | 北坐标 X | 东坐标 Y |
|---|---|---|---|---|
| 曲线主点 | 直缓点 ZH | 390198.8236 | 2763578.7603 | 592668.1100 |
| | 缓圆点 HY | 390748.8236 | 2764118.8221 | 592564.1480 |
| | 曲中点 QZ | 391395.2708 | 2764759.3460 | 592477.8722 |
| | 圆缓点 YH | 392041.7180 | 2765404.4100 | 592437.7866 |
| | 缓直点 HZ | 392591.7180 | 2765954.3780 | 592434.6088 |

| | 指定点里程 | 左单/右双 | 北坐标 X | 东坐标 Y | 高程 H | 偏移量 e |
|---|---|---|---|---|---|---|
| 指定中桩的底座板角点 | DK390+744.7546 | 1 | 2764114.5683 | 592563.4199 | 79.1661 | 0.0374 |
| | | 2 | 2764115.0427 | 592566.1794 | 78.9625 | |
| | DK390+751.2046 | 3 | 2764120.9264 | 592562.3289 | 79.1635 | 0.0376 |
| | | 4 | 2764121.3988 | 592565.0887 | 78.9583 | |

| 检核点检核表（第一套坐标系控制点设站） ||||||||
|---|---|---|---|---|---|---|---|
| 检核点名 | 已知坐标/m || 实测坐标/m || 检核点较差/mm |||
| | 北坐标 X | 东坐标 Y | 北坐标 X | 东坐标 Y | Δx | Δy | Δd |
| 7-2 | 2764139.4624 | 592575.5142 | 2764139.4608 | 592575.5165 | −1.6 | 2.3 | 2.8 |

| 放样点位实测坐标与理论坐标较差成果表（第二套坐标系控制点设站） ||||||||
|---|---|---|---|---|---|---|---|
| 底座板里程 | 点号 | 理论坐标/m || 实测坐标/m || 放样点较差/mm |||
| | | 北坐标 X | 东坐标 Y | 北坐标 X | 东坐标 Y | Δx | Δy | Δd |
| DK390+744.7546 | 1 | 裁判填写 | 裁判填写 | 2744258.3836 | 678622.1331 | 裁判填写 | 裁判填写 | 裁判填写 |
| | 2 | 裁判填写 | 裁判填写 | 2744258.7716 | 678624.9060 | 裁判填写 | 裁判填写 | 裁判填写 |
| DK390+751.2046 | 3 | 裁判填写 | 裁判填写 | 2744264.7727 | 678621.2412 | 裁判填写 | 裁判填写 | 裁判填写 |
| | 4 | 裁判填写 | 裁判填写 | 2744265.1587 | 678624.0144 | 裁判填写 | 裁判填写 | 裁判填写 |

备注:计算结果较差±2 mm 之内视为正确;缓和曲线切线角计算结果取位至秒,计算结果较差±2″之内视为正确。除了点号及特别标注之外,其他至少精确到 0.0001 m。

# 工程施工放样竞赛试卷(样题)

(竞赛时长:60分钟)试卷编号:01

注意:本试题是适用场地编号:8

已知中线到底座板面距离是 0.5150 m,到底座边线距离是 1.400 m,超高基准 1.5050 m,超高方式:内轨不变,外轨超高。根据提供的铁路曲线设计参数,完成计算和测设任务。铁路曲线资料如下(除点号和特征注明外,其余单位:m):

| 交点号 | 坐标N | 坐标E | 偏角(度-分-秒)左偏为负右偏为正 | 曲线半径 | 前缓和曲线 | 后缓和曲线 | 起点里程 | 超高/mm |
|---|---|---|---|---|---|---|---|---|
| QD | 2762497.9985 | 592887.5953 | | | | | DK389+096.000 | |
| JD1 | 2764754.5739 | 592429.3212 | 11°43′56.0289″ | 9000 | 550 | 550 | | 110 |
| ZD | 2766635.6449 | 592437.6111 | | | | | | |

| 坡度表 ||||||||
|---|---|---|---|---|---|---|---|
| 序号 | 变坡点里程 | 轨面高程 | 坡率/‰ | 坡长 | 竖曲线半径 | E值 | T值 |
| QD | DK381+492.000 | 85.075 | -0.6000 | | | | |
| 1 | DK393+592.000 | 77.815 | 3 | 12100 | 20000 | 0.0324 | 36.0000 |
| 2 | DK398+392.000 | 92.215 | -3.6 | 4800 | 20000 | -0.1089 | 66 |
| ZD | DK400+592.000 | 84.295 | | 2200 | | | |

本场地第一套坐标系控制点:

| 点名 | 坐标N | 坐标E |
|---|---|---|
| 测站点:8 | 2764156.9690 | 592581.3831 |
| 定向点:8-1 | 2764095.2784 | 592548.0625 |
| 检核点:8-2 | 2764099.4756 | 592541.2520 |

本场地第二套坐标系控制点:

| 点名 | 坐标N | 坐标E |
|---|---|---|
| 测站点:8′ | 2742978.1310 | 683962.4936 |
| 检核点:8-2′ | 2742922.0006 | 683920.4773 |

本题目指定底座板里程:

| 点名 | 里程 |
|---|---|
| 底座板里程点: | DK390+744.7546 |
| 底座板里程点: | DK390+751.2046 |

注:以上单位为 m;定向点与检核点采用棱镜类型:圆棱镜(棱镜常数-34.4 mm);放样采用棱镜类型:小棱镜(棱镜常数-16.9 mm)。

要求:1.试卷上不得出现任何参赛队信息和记号,违者按作弊处理。

2.试卷、计算书等必须与工程施工放样成果表一起上交裁判。

| \multicolumn{5}{c}{计算成果-试卷编号:01/赛场编号:8——2024-05-24 14:35:23} |

| 缓和曲线常数 | 缓和曲线切线角 β（度分秒） | 1°45′3″ | | |
|---|---|---|---|---|
| | 切垂距 m | 274.9914 | | |
| | 内移距 P | 1.4004 | | |
| 曲线要素 | 切线长 T | 1199.8157 | | |
| | 曲线长 L | 2392.8944 | | |
| | 外矢距 E | 48.7850 | | |
| | 切曲差 Q | 6.7370 | | |

| 曲线主点 | 特征点 | 里程 | 北坐标 X | 东坐标 Y |
|---|---|---|---|---|
| | 直缓点 ZH | 390198.8236 | 2763578.7603 | 592668.1100 |
| | 缓圆点 HY | 390748.8236 | 2764118.8221 | 592564.1480 |
| | 曲中点 QZ | 391395.2708 | 2764759.3460 | 592477.8722 |
| | 圆缓点 YH | 392041.7180 | 2765404.4100 | 592437.7866 |
| | 缓直点 HZ | 392591.7180 | 2765954.3780 | 592434.6088 |

| 指定中桩的底座板角点 | 指定点里程 | 左单/右双 | 北坐标 X | 东坐标 Y | 高程 H | 偏移量 e |
|---|---|---|---|---|---|---|
| | DK390+744.7546 | 1 | 2764114.5683 | 592563.4199 | 79.1661 | 0.0374 |
| | | 2 | 2764115.0427 | 592566.1794 | 78.9625 | |
| | DK390+751.2046 | 3 | 2764120.9264 | 592562.3289 | 79.1635 | 0.0376 |
| | | 4 | 2764121.3988 | 592565.0887 | 78.9583 | |

| \multicolumn{8}{c}{检核点检核表（第一套坐标系控制点设站）} |

| 检核点名 | 已知坐标/m | | 实测坐标/m | | 检核点较差/mm | | |
|---|---|---|---|---|---|---|---|
| | 北坐标 X | 东坐标 Y | 北坐标 X | 东坐标 Y | Δx | Δy | Δd |
| 8-2 | 2764099.4756 | 592541.2520 | 2764099.4740 | 592541.2543 | −1.6 | 2.3 | 2.8 |

| \multicolumn{8}{c}{放样点位实测坐标与理论坐标较差成果表（第二套坐标系控制点设站）} |

| 底座板里程 | 点号 | 理论坐标/m | | 实测坐标/m | | 放样较差/mm | | |
|---|---|---|---|---|---|---|---|---|
| | | 北坐标 X | 东坐标 Y | 北坐标 X | 东坐标 Y | Δx | Δy | Δd |
| DK390+744.7546 | 1 | 裁判填写 | 裁判填写 | 2742936.3495 | 683943.1337 | 裁判填写 | 裁判填写 | 裁判填写 |
| | 2 | 裁判填写 | 裁判填写 | 2742936.7321 | 683945.9074 | 裁判填写 | 裁判填写 | 裁判填写 |
| DK390+751.2046 | 3 | 裁判填写 | 裁判填写 | 2742942.7403 | 683942.2542 | 裁判填写 | 裁判填写 | 裁判填写 |
| | 4 | 裁判填写 | 裁判填写 | 2742943.1210 | 683945.0282 | 裁判填写 | 裁判填写 | 裁判填写 |

备注：计算结果较差±2 mm 之内视为正确；缓和曲线切线角计算结果取位至秒，计算结果较差±2″之内视为正确。除了点号及特别标注之外，其他至少精确到 0.0001 m。